LUCKY PEACH 福桃

NO.1 拉面

[美] 大卫·张（David Chang） 应德刚（Chris Ying）
彼得·米汉（Peter Meehan）等著／潘昱均译

图书在版编目（CIP）数据

福桃．拉面／（美）大卫·张 等著；潘昱均译．--

北京：中信出版社，2017.3

书名原文：Lucky Peach

ISBN 978-7-5086-6993-9

Ⅰ．①福…Ⅱ．①大… ②潘… Ⅲ．①饮食-文化②

面条-饮食-文化-日本 Ⅳ．① TS971

中国版本图书馆 CIP 数据核字 (2016) 第 274105 号

LUCKY PEACH: ISSUE 1
LUCKY PEACH by Chris Ying, Peter Meehan & David Chang ©2012

This edition arranged with InkWell Management, LLC.

through Andrew Nurnberg Associates International Limited

Chinese simplified translation copyright ©2017 by Chu Chen Books.

ALL RIGHTS RESERVED

福桃　拉面

著　　者：［美］大卫·张 应德刚 彼得·米汉 等

译　　者：潘昱均

出版发行：中信出版集团股份有限公司

（北京市朝阳区惠新东街甲 4 号富盛大厦 2 座 邮编 100029）

承 印 者：北京华联印刷有限公司

开　　本：880mm×1230mm 1/16

印　　张：11.25

字　　数：120 千字

版　　次：2017 年 3 月第 1 版

印　　次：2017 年 3 月第 1 次印刷

京权图字：01-2016-9084

广告经营许可证：京朝工商广字第 8087 号

书　　号：ISBN 978-7-5086-6993-9

定　　价：58.00 元

版权所有·侵权必究

如有印刷、装订问题，本公司负责调换。

服务热线：400-600-8099

投稿邮箱：author@citicpub.com

LUCKY PEACH 福桃

NO.1 拉面

FEATURES

出版人 & 总编辑：李舒
Publisher&Chief Editor：Susie Li

特约撰稿人：雪风、鬼面、黄尽穗
Special Editor：Amy Wu、Carrie、Jinsui Huang
特约编辑：毛晨珏、潜彬思
Contributing Editor：Chenyu Mao 、Bessie Qian
责任编辑：郝志坚、张艳
Acquisitions Editor：Zhijian Hao、Yan Zhang

摄影总监：七月
Photo：Seven

设计总监：苏小曼
Graphic Design：Xman Su

广告总监：郭柏辰
PR Director：Benk Guo

RECIPES

泡面大变身

面、汤

其他

蛋

Would you fucking learn how to do this already?

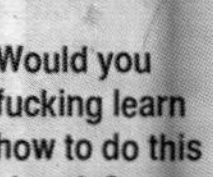

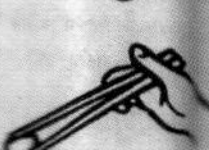

-精选美食电商-

ENJOY × LUCKY PEACH 福桃

祝贺【Lucky Peach】中文版【福桃】首发上市

懂吃 | 会选 | 有格调

10元包邮

日本“五木”蒜香麻油味方便面176g

*注：礼券数量有限，先到先得；拉面礼券仅限新用户使用，
老用户可以领取全场通用满减礼券（120元减23元）

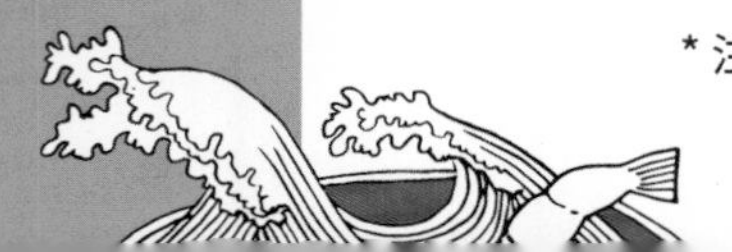

卷首语

欢迎来到 LUCKY PEACH

李舒，*Lucky Peach* 总编辑

第一次坐在纽约东区的 Momofuku，大约是 6 年前。

女朋友熟门熟路地给我点了一个刈包——在拉面店里吃刈包，这是我的人生第一次。

但她坚持这样做。

作为大卫·张（David Chang）的骨灰级粉丝，她告诉我，当年，年轻的大卫·张，是靠着刈包，在纽约站住了脚，创造了 Momofuku 帝国。

“刈包”源自台湾，有点像肉夹馍，所不同的是，里面包的是酱汁五花肉和生菜。第一口是嫩，油脂在舌尖弥漫开来，惊喜出现了，五花肉的隐秘搭档，并不仅仅是脆生生的冰镇小黄瓜！

女朋友说，只有大卫·张，才敢这么做！

说真的，除了有一对招人喜欢的酒窝，大卫·张看起来和任何美国韩裔大叔没什么两样——非要说他的过人之处？哦！他爱泡面（最喜欢的品牌是札幌一番）。因为这个爱好，读神学的大卫·张受到泡面的感召，放弃了神的世界，前往东京，以拉面为终身事业。

2004 年，大卫·张的“Momofuku Noodle Bar”开业了，店名出自日本的泡面之父安藤百福（Momofuku Ando）。尽管名字不错，餐厅的生意却非常糟糕。

当时，《纽约时报》的食评版记者彼得·米汉（Peter Meehan）被指派去写一篇餐厅评论。8 个月之后，他仍然没有交出稿子，因为“去了第一次，再也不想去了”！为了完成稿件，他终于鼓起勇气去了第二次——

这一次，一切都改变了！彼得被那个小小的刈包打动，并且敏感地发现了拉面汤的变化。从此，他成了 Momofuku 的常客，也成了大卫·张身边的男人。

这一本 *Lucky Peach*，也是他们（还有一位华裔总编辑 Cris Ying）爱的结晶！

6 年过去，我已经不记得，那个晚上，我究竟最终有没有吃上拉面，但这个奇怪的缘分，使得 6 年后的今天，我有幸把这本美食杂志带到中国，介绍给大家。

Lucky Peach 和目前市面上的美食杂志有一些不一样，无论是排版还是内容。

这不仅仅是因为它大概是全球唯一一本聘请米其林厨师做编辑的美食杂志。

如果为了看摆弄过一万遍的性冷淡摆盘，看小清新美感的食物造型，那么你完全不需要浪费金钱。在这方面，*Lucky Peach* 绝对是一个反面教材——他们不用滤镜，不注重摆盘，不注重图片的美味感，甚至胆敢用生鲜动物来做杂志的封面！在这里，所有的食物都不是高高在上的，这是 *Lucky Peach* 的核心精神。在摇滚范儿的“野路子”外表下，在放荡不羁爱自由的排版设计风格背后，其实是他们对待美食的诚恳之心。

“拉面”这一期，是 *Lucky Peach* 的创刊号。为了这期杂志，大卫·张回到日本，采访了日本的拉面大咖们，甚至贡献了自己餐厅的拉面汤秘方。一开始，他们只敢印刷了 8000 册，上市之后很快卖完，不得不一再加印——现在，在 ebay 网站上，*Lucky Peach* 的粉丝们还在哀号着愿意以高价求购。

Lucky Peach 的中文版会有什么不同？我们在尽可能保留原汁原味的原版内容之外，增加了一个小小的别册。每一期，我们将以相同话题，给你更多本地化的美食报道，这一期，我们将以“祖国山河一碗面”为主题，告诉你，在中国，关于面条，我们有更多的骄傲。

让我们重新看待美食与人的关系，让食物从我们长期固有的审美中解放出来，让食物回归食物本身，从这期 *Lucky Peach* 开始。◆

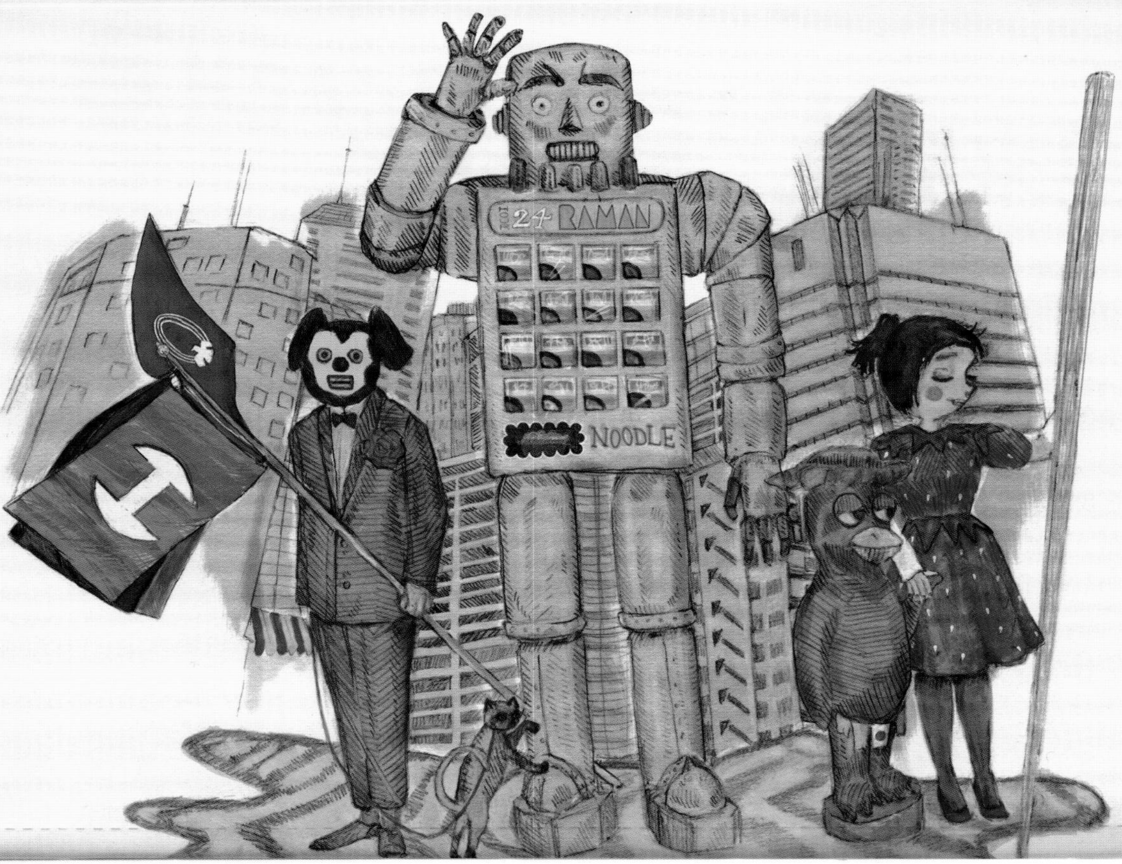

東京覓食記

THINGS WERE EATEN

文字：彼得·米汉和大卫·张

by PETER MEEHAN and DAVE CHANG

游记插画：琳赛·孟德 (LINDSAY MOUND)

除了棒呆了，我不知道在日本还能期待什么！

全日空飞机上的食物尚可接受。在飞行途中我看了大卫·张一下，他已经吞掉了餐盘上的所有食物，在椅子上睡死了。我甚至无法分辨他选的食物是什么——连一丝泄露机密的残渣都不剩。（之后我提起此事，原来他和另一个随行成员都喝了鸡尾酒——某种非处方安眠药，然后像僵尸一样又吃又喝，对点餐及食物毫无记忆。）端来的饮料棒极了！私房奶昔融化得特别快，还有，想必库柏探员也会爱上这里的咖啡[1]。

第一天：2011年1月10日

过海关的时候，大卫开始吹嘘起在日本连最烂的食物也是棒呆了。为了证明他的话，我们到了机场那总有一堆家伙骚扰要你搭出租的地方，大卫买了几袋东西，里面有半茶半咖啡的饮料、事先做好的三明治，还有御饭团（Onigiri）。

大卫递给我们三明治。几分钟以后，我们才想起他那一番话，这些像枕头般柔软、去掉硬皮的三明治还真是不错，大卫没有骗人。

更好的是，几分钟前，他又去买了一袋回来。我最爱咖喱风味的马铃薯可乐饼；大卫则最爱蛋沙拉—— 更明确地说，是好多种蛋沙拉，他吃了好多种。

接下来是还算平顺的两小时路程，一路直达东京凯悦饭店。我们在太阳落山前驱车直往城市心脏，向着蓝黑天空下金色的地平线奔去，周遭景观尽是路灯点点，摩天大楼如标点符号穿插其间。

在饭店办好登记入住——这当然是我住过最豪华的地方——不久我们就去逛街了，不浪费一点时间。就从拜访占卜师开始——你知道的，想知道大卫的未来是怎样，看看除了疯狂的成功和可以料到的肝硬化外，还有什么神秘指示。那位占卜师简直像一辆坦克车！那牛腿！那臂膀！要把我一脚踢飞都没问题！

大卫在那边询问，将来会不会有个能进 NBA 打球的小孩（他会有的，如果你想知道），我和拍摄小组的另一个成员，很快决定一脚开溜，因为我们到那儿是替 Lucky Peach App 拍片的。

我们去了溢着烟味、吵翻天的弹子房，最后到了一家叫“信天翁”的酒吧，想来点小酒下肚。好酷的地方，有一条像从电影《银翼杀手》（*Blade Runner*）中直接搬出

1 戴尔·库柏（Dale Cooper）是美剧《双峰》里的 FBI 探员，咖啡是他的最爱，他在小镇查案套话时总用“这咖啡真是该死地棒”这句话起头。——译者注（以下如无特殊标注，均为译者注）

摄影：强纳森 · 席安弗拉尼（Jonathan Cianfrani）

来的假巷子，这条巷子直走到底，就是“信天翁”。巷子里，从某家小摊子冲出来的蒸气，被格子排风扇抽到了另一家。整块街区全是招呼我们入内的烧烤店：“烤鸡哦！太太太棒了！”

“信天翁”的酒保很不错：超级高（或只是一般高度，但那里的天花板只有 7 英尺）、超级瘦、很机灵又很友善，极熟练地用英语接受每位酒客的点单。我们进来时，他刚好在播放电影《捉鬼敢死队》（*Ghostbusters*）的主题曲——我认为他在用他所知的美国最伟大的文化贡献向我们致意——当我们点酒时，他突如其来地秀了点舞步。

然后我们和大卫去了 Bar High Five，是家极小的店，隐身在一栋完全不知该怎么形容的商业大楼四楼。Bar High Five 的老板是上野秀嗣，他是我兄弟的朋友，也是国际知名调酒师。我们喝了一点酒，包括上好的菠萝可乐达（Piña Colada）——上野先生把椰奶加入菠萝冻起来，然后把冻块放入玻璃杯，再用手持搅拌棒把它们和黑朗姆酒一起打成泥。

我不知道该期待上野先生是怎样的人，但他无比谦虚，非常低调，你可以自己看。

大卫：别人要你做过的酒中，哪一款最烂？

上野先生：最烂的酒？

彼得：像是长岛冰茶？

上野先生：很多日本调酒师都有饮酒哲学，认为这个酒该这样喝，这个东西该用这方法做，但对我而言，我没有这样的哲学。也许老派的日本调酒师不会想做菠萝可乐达，但我会。

彼得：你把菠萝可乐达变成很酷的东西。

大卫：所以你对传统与真假定位有什么想法？很明显，你尊敬鸡尾酒，也知道每一种酒的历史，不需要谷歌就知道。但你对乱改东西有什么感觉，无论是菠萝可乐达或是不放蛋白的白色佳人（White Lady）之类的东西？

上野先生：我觉得我是替客人服务的，我虽然是老派、传统的调酒师，但我的思想比较开明。要说本事我也是有两把刷子的，如果有人要点一份分子调酒我也做得出来，我不是替自己做鸡尾酒。

我们和上野先生聊了一会儿日本鸡尾酒学（我知道，我知道，是“调酒学”才对），忽然偷瞄到吧台后端有一块很小很小的火腿。上野先生用手片了一块，用吃西班牙风干火腿（Jamón）的方法递给客人。这是他休假时在东京之外的某个森林小丘上做的，“以调酒师而言，大家觉得你该待在吧台后方等客人上门。”上野告诉我们，“这是等人的工作。通常我自己做西班牙风干火腿，会到外面去做，到外面去做好玩多了。如果从西班牙买来风干火腿或其他东西，我只会待在吧台后方等人上门。”

去过 Bar High Five 后，电视拍摄小组终于得以脱身（你知道，奔波工作 30 小时，加上要把货车上的东西卸下来，又是这样又是那样的）。我和大卫（两个无用家伙）只能出去逛逛，找寻我们的第一碗拉面。

我们走进银座——一处时髦、高档的地方，是精美购物名店汇集之地。从我们饭店坐出租车到银座大概只要花 40 美元就行了，但是在这个星期，一晚上这点花费只是小钱（顺带一提，这天可是个节日——日本的“成人礼日”）。这地方在铁路高架桥下，街区的小巷蜿蜒曲折，挤满气派堂皇的餐厅，当我们经过时，店家几乎都要关门了。我们真的穿过一个小型鱼市场——说真的，就像一个完全不重要的小地方——市场里卖着仍然活跳的新鲜鲔鱼，还有一堆巨大的扇贝和牡蛎。尽是一些令人大开眼界的东西。

但我们找的是拉面，也很走运，眼前有家叫作“康龙”（Kouryu）的拉面店还开着，便走了进去。

就像很多在日本的拉面摊，店门口都设有自助售票机，只需要按下你要点的东西，再将印好的点餐券放在柜台，这就是厨房接受点餐的方式（有时候点餐券是一种标记卡，就像筹码代币或玩扑克牌用的那种东西，上面记载了你点的东西）。大卫·张装作不懂日文，但其实是假的，他绝对可以搞定这个售票机（上面有些英文字）。通过这个机器他又点了几盘煎饺（Gyoza），大口狂吞，减轻不少酒虫在肚子里的聒噪；此外还有 4 瓶啤酒，以及一份味噌沾面（Miso Tsukemen）（白面蘸旁边的汤料），也替我点了一碗多油拉面（Abura）。让他的荷包失血不少。

> **他以为我是那种笨蛋外国人，没料到我会懂一点吧！我们都承认，他们大概真的以为我们是笨蛋外国人，但也有那么一刻真心觉得：我们就是啊！**

我的面是用相当大的碗盛的粗面——就像一碗黄色碱面。这对我来说真是大开眼界，因为在纽约，如果能吃到这样一碗面，要人自杀都可以。我需要动用一些老掉牙的说法才能克制住诱惑，像是“比我以前吃过的拉面好一点啦”，只把焦点放在面的粗细、嚼劲及恰到好处的搭配方式：面上头放上海苔丝（Nori），镶着油花的叉烧堆着，还有好多葱花（这里的葱看起来比美国的青葱更结实圆挺）。所谓的多油拉面——大概就是加了大量令人看了都会透不过气的猪油的拉面。这种多油拉面，我想连大卫都没见识过，我当然就更不用说了。这个地区我们唯一造访的地方是最后还开着的一家店，着实让我们饱餐一顿。

我把大卫的沾面拿来试吃，这玩意真够平淡的。他回去售票机再点了一碗多油拉面，我们实在爱死了。然后大卫冷不防地秀了几句日文，要了一杯没有调味且带汤渣的汤。

“他以为我是那种笨蛋外国人，”拿到汤以后他说，“没料到我会懂一点吧！”

我们都承认，他们大概真的以为我们是笨蛋外国人，但也有那么一刻真心觉得：我们就是啊！

我们的第一夜过得还不赖，事实上有点叙事诗的味道。我们拦下一辆出租车——日本的出租车实在是有够虚华的，里面铺着连我妈都会爱死的钩纱布椅套——就这样一路回到饭店。

第二天：2011年1月11日

隔天早上我们来到合羽桥（Kappabashi），这是大卫提过无数次的地方：合羽桥是东京的餐饮道具街，一眼望去尽是街区连着街区，商店后又是商店。这里出售上百万种一次性餐具，提供价值200美元的面棍、巨大的切面刀，还有用来切荞麦面的特殊砧板。

在拍摄小组的要求下，大卫·张要去食品模型店买东西——东京有好多餐厅都在橱窗内放置食物塑料模型来吸引客人。我被迫与大卫及拍摄成员分开，独自一人在街上到处乱走，实在纳闷怎么在几秒钟之内就被5位白人和一名高大韩国人抛弃了。

最后我还是找到大卫。就在他和拍摄小组到刀具店的时候。我在店外站着，免得我的脸孔毒害了拍摄画面。等着器材一打包，我们就去找东西吃。

午餐在卖猪排（Tonkatsu）的地方解决，店名叫作“东京浅草弥生猪排”（Tokyo Asakusa Tonkatsu Yayoi），请不要和卖豚骨（Tonkotsu）的店家搞混。前者是卖炸猪排的店，后者是拉面店里卖的拉面，这种拉面带着浓浓猪肉风味，是九州岛西南方岛屿的特色。

用完午餐后，我们又回到凯悦饭店。沿路我看到水道上有几只鸭子在游泳，开始思念起我的女儿海瑟，她最近迷恋上鸭子，开始学习叫它们的名字。她的发音把这个词念得十分令人困惑，与她叫爸爸和叫狗的词语可疑地相似（她还没有从呱呱这个词跳到鸭子，也许因为她从来没有听过鸭子呱呱叫，或者在认知上，她喜欢布丁的程度比喜欢人还多）。当我们的车穿越东京，我多么希望可以再看到那种如神经丛放射段的火光，在厢型车里的7个人胡扯着没营养的话题，在高楼林立的无尽峡谷中蜿蜒而行。

“纽约烧烤”（New York Grill）餐厅在凯悦饭店的最顶层，这里有一间开放式厨房，配着最令人目眩神迷的景观——富士山与一片令人屏息、心旷神怡的苍茫暮色。大卫以前在那里工作，我们入内拍摄一些镜头，也趁这个时候赶快冲个澡和回电邮。然后前往“青叶”（Aoba）——这是大卫过往回忆中的拉面店——他住在这里时，青叶是他最常光顾的地方。

等拍摄小组架机器时，我和大卫在附近随便逛了逛。隔壁的拉面店叫作“虹”（Niji），但在窗子上用英文写着“大胜轩”（TAISHOKEN），这里并不是大胜轩的总店（大胜轩是发明沾面的创始店，是我们几天后要拜访的店家）。这家店正忙——全部满座，窗子油腻腻，店里尽是料理嘈杂声和大声吸面的声音。这是一家平价小面馆——劳动者光顾的拉面店。

我们走进去，就看到坐在窗边的那个人正好拿到面，上面放的高丽菜、豆芽菜堆得都满满高出碗了，我想：“这家伙怎么可能把它吃完，连把筷子插进去都会搞得桌上一团乱。”

大卫说这是“二郎风”（Jiro-style），原来只有一家店这样[1]，现在变成大家都这样了。大卫觉得他们应该做二郎风和大胜轩的混搭，也就是说以大胜轩的大分量加上豚骨汤，再加上大堆头的高丽菜、豆芽菜。大卫差一步就要走进去吃了，我劝他留点肚子给几分钟后在摄影机前吃的那碗面。

所以我们就没吃面，沿着街道往前走到转角，大卫四处张望，然后指着一处地方说：“我以前都在那里跑步，

1 “二郎风”是“拉面二郎”的配菜方法，也就是豪迈地把所有配料堆成一座山。此店成店十分戏剧化，老板山田拓美原做和食，却在雪印厂房旁开了拉面店，店名原取作次郎，因工人写错变成二郎，因为生意太惨，只好去隔壁中华拉面店再练功，因工人吆喝“快一点”，才会出现二郎风的豪迈吃法。

所有法国佬都住在那里。”评论间还夹杂着：“奇怪呐……奇怪呢……”他从没想过他会再次回到他以前住过的地方——饭田桥（Iidabashi）。

我们随处溜达，直到走到一家杉木礼品专卖店，我们都在那儿替生命中的女士和孩子买了几袋礼物。客人上门了，在那里工作的女人格外亲切——我帮海瑟买了一只杉木响铃，他们把她的名字烙在上方，还画了一颗潦草的心，把名字框在里面。不知怎的，就算用破烂英语和日语，他们还是能从我这里知道海瑟喜欢鸭子，塞给我一只手掌大小装了芳香木屑的黄绒小鸭。如果不是回“青叶”快来不及了，我们大概会一整夜都待在那里花光我们的日元。

“青叶”在东京住宅区内一处交通繁忙的街道旁，入口处挂着门帘，长得像窗帘的那种东西，要穿过去才会进入整间日式餐厅和它里面的房间。我相信这是我们吃过的拉面店中唯一一家点餐不用自助售票机的，说不定后面有人帮我操作，只是我不知道。

大卫点了沾面，我点了拉面。但这地方有件了不起的大事——10 年前让它声名大噪，让大卫那时就算要排队苦等一小时才能吃晚餐也愿意的事——这家店是双拼汤头（Double Soup）的创始店。

拉面这种食物很难一言以蔽之，就让我这么说吧：大多数的拉面都配上肉汤或高汤[也就是汁（Dashi），一种海带高汤，但需要用猪肉和/或鸡肉和/或柴鱼来强化味道，且用香料提香]，除此之外，拉面也要加上 Tare，也就是“酱料”（拌着肉末的酱油混合物）来调味。千禧年之际，东京却流行起双拼汤头——主厨将肉汤和柴鱼汤分别做好，然后才在大碗中将两种汤头合并，汤头比例控制得更好，也就主导了最后所有口味的汤——东京流行的汤。

以下是“青叶”的做法：加一小勺酱料，加一点鱼汤，然后是一大勺猪肉汤，再放面。面体要精准折叠一或两次，叉烧切片放在面上面——叉烧的温度是室温，也许更凉。

汤头浓郁、圆润，充满猪肉香，但没有我在美国吃到的传统豚骨汤惯有的乳白色和油腻感。吃来非常平衡——而日本葱（Negi）有种甜味，也有上好生洋葱该有的辛辣；叉烧又软又美味，外圈是一层黏黏、咸咸又甜甜的焦糖外壳。

和拉面初交手，就像跳了一回合方块舞，我稍稍学到了沾面与拉面的不同处。以沾面来说，厨房先将沾面酱汁调好——“青叶”的酱汁偏酸、较咸，好像每种味道都重了一些——所以面条浸下去味道就刚好。

方块舞转回原处，我发现我自己嫉妒起大卫那碗面有超有味的沾面酱汁。一眼瞄到餐台上放的胡椒罐，想撒一点到拉面里，结果却倒出一大汤匙“白”胡椒。我以为完了，整个毁了，却让汤味道更鲜明，更有中国味。

大卫比我快几分钟吃完他的面，然后开始做出往后旅程中一再重复的行为：才要吃面他就开始羞辱我的吃面能力和速度。对于一个 165 磅的爱尔兰人来说，我自认做得还不错。真谢谢你哦！但对于他这部韩国吃面机器来说，我吃面的时候是够拖拉的。

部分原因是这是我们第一家正式来吃的拉面店，我想集中注意力，想知道那些东西是什么。我发现一件有趣的事，有个家伙在每下一批面时都会用定时器计时。我们结束这餐后，大卫确认那个人就是 8 年前开店时的那位师傅。我一辈子都无法想象，在纽约会有厨师受得了一整天、每一天只做两样菜，更别提如此严守纪律地为每批拉面计时。

“青叶”也消除了我来东京时对拉面店的某种想象。

我来东京时，还以为这本书的内容会包括“拉面时尚美装单元”，细细陈列各家拉面店中各色疯狂人物的穿搭——纽约拉面店的师傅穿的都不一样，会绑着带点异国风情的头巾，通常还会套上各色各样的雨鞋或高筒塑料鞋套。但“青叶”的服饰搭配十分简单，甚至很时髦，倒有点像在纽约苏豪区[1]的 R by 45rpm[2]店里买来的，一点也不胡闹搞怪，所以我的拉面时尚单元构想在此告终。

晚餐后我们去附近散步。原因有二，一来我们真的需要走一走（大卫在“青叶”吃了两碗拉面）；再者拍摄小组对 B-roll 剪辑镜头十分饥渴——也就是可以剪进节目的附近空景，或在上面叠入声音效果的镜头，还要我和大卫一派轻松的散步镜头，好让我们不会像在场景与场景间瞬间移动。

我们经过一家中式拉面店，橱窗里的塑料食物模型阵仗惊人，包括好大一堆闪着油光的塑料饺子，旁边还放着一块告示牌，表示可以在 60 分钟以内吃完非塑料饺子的人，可将拍立得照片贴在上面。如果我和大卫不是都快撑死了——他实在太饱了，已到了呕吐的边缘——现在墙上就会有我俩的照片了。

刚爬上小丘没多远，大卫在“青叶”吃的第二碗拉面也跟着上来。他赶忙冲进一家弹子房的大厅卸货，显然他在里面滑了一跤又跌了个倒栽葱，途中连塞在后面口袋的 Lucha Libre[3]自由搏击面罩都掉了（这故事说来话长）。出来后他告诉我，监视器拍到的他在里面跌跤的影片现在可是黄金录像带了，但他不打算回“案发现场”要回来，这真是我们的损失。

之后，大卫决定向我们倾诉他昨晚呕吐的故事，那一夜也是我们被猪油拉面全给摆平的时候。那是我们在凯悦饭店的第一晚，饭店里的浴室仿佛圣堂一般，安装着日本 TOTO 卫浴设备。TOTO 马桶是世界上最好、最聪明的马桶，有坐垫温度调节功能，有清洗用的各种水管喷头，还有音响效果可掩盖你或鼓励你做各种大事。它们和平凡老土的美式标准马桶分属不同血统。大卫好爱它们，所以在前一晚，他说，“出于对 TOTO 马桶的尊重”，他决定要吐在洗脸盆里。之后这个很烂的决定变成清洗脸盆里面条的冗长过程，对多油拉面的猪油描述最后成为“油淹脸盆的海湾灾难”。各位先生、各位女士，这就是《时代》杂志百大风云人物及《GQ》杂志年度型男代表大卫·张。

收工后，我们在附近小巷子漫步而下，找寻可以让工作小组吃饭的地方。最后来到一家有一缸子活鳗鱼的烧肉

1 即 South of Houston Street，该区以美国纽约百老汇街为中心，是美国最富艺术文化气息的国际商区之一。——编者注

2 2000 年进军苏豪的日本服饰品牌，以美国 20 世纪五六十年代流行元素为设计灵感，服饰带有温暖的复古风格。

3 西班牙文，墨西哥式的自由搏击。每位摔跤手都需戴上自己的招牌面具应战，输了就要除下。

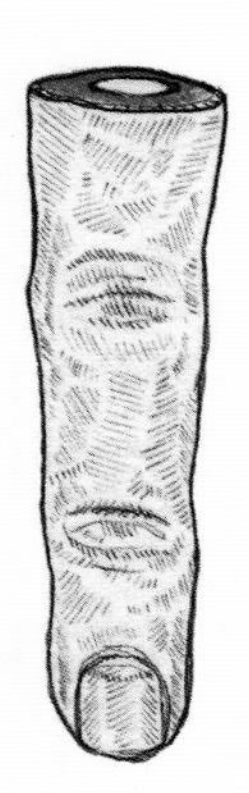

店，即使我们没有人喜欢鳗鱼。晚餐后，大卫和我们的日文翻译兼协调员真由子聊到学日文的话题——大卫说他学了片假名之后就放弃了，片假名是最简单的日文书写符号，也是最常用来写外来语的文字，像是拉面。

我们点了串烧——大卫最后拿到串好的无骨鸡翅膀“手羽”（Tabasaki），也就是串烤小鸡翅，大卫在几天后还不时提到这东西。我们还点了鸡肉丸子、鸡腿、鸡皮、鸡胗、鸡心、鸡肝——大概除了母鸡的叫声外，我们每样东西都点了。看到鳗鱼在场，让我们对店家的海鲜格外有信心，所以我们还点了可以从头吃到尾的炸全虾——炸虾在我的齿间碎裂，一路下肚时弄得我喉咙痒痒的——还有酒蒸蛤蜊，这是大卫最喜欢的菜，简单又直接到味。蛤蜊的咸味与高汤的烟熏味互相较劲，就像新英格兰蛤蜊巧达汤[1]的SPA版。拍摄小组的成员也在那晚初尝日本炸鸡的滋味，这味道就成为日后食物的既定形态，也成为逐渐增加的麻烦。

用餐快要结束的时候，我向某位拍摄工作人员求得一支烟，一个人跑到外面吞云吐雾（日本有室内抽烟的地方，但普遍不鼓励在街上抽烟，但有些事情就是习惯难改）。

站在小巷里，我想着我们经过多少曲折才找到这个地方——找了快100家或更多吃东西的地方，才随机选到这地方。我急着想更了解东京，但举目四望，只有模糊的城市轮廓和全然的深不可测。

在纽约4年间，经过在《纽约时报》“25美元平价美食”（$25 & Under）专栏的折磨，我学到了在纽约五大行政区工作的知识（皇后区和布鲁克林区的东端、布朗区的北端、斯坦岛的南半部等，这些地方对我而言仍然是模糊或陌生的），我知道或吃过纽约大多数知名的餐馆（这是大胆的陈述，但在那段时间的确如此）。所以当我们为了东京旅程加紧准备时，我一直认为只要我们够努力，就可以找到对的人、对的向导——也许某个地方就有人像我一样，他了解东京每处景点和秘密。我和大卫说过这想法，他一直告诉我不会有这种事的，但我不相信。我以前从来没去过不熟悉的城市。

而东京就是这样，或者更甚之，你可能花了一整年却只认识5块街区。在纽约，高楼大厦的地面楼层是零售店面，楼上是办公室、住家或其他没什么人会去的地方；而在东京，大楼里层层叠叠的都是餐厅、酒吧，谁知道还有什么，冒失乱闯是不合身份的怪异行为。纵使全世界围绕身旁让我探索，有大门让我踏进，啤酒钱我也付得起，我也无法拼凑出清晰分明的图像。

建构一个这样的图像，是我搬到纽约去探索美食和餐厅的部分动机。如果我知道当地的社区及当地美食是

1 美国式浓汤，以蛤蜊为主要材料配以马铃薯及洋葱等配料的海鲜浓汤。巧达（Chowder）的原意就是杂烩汤羹。

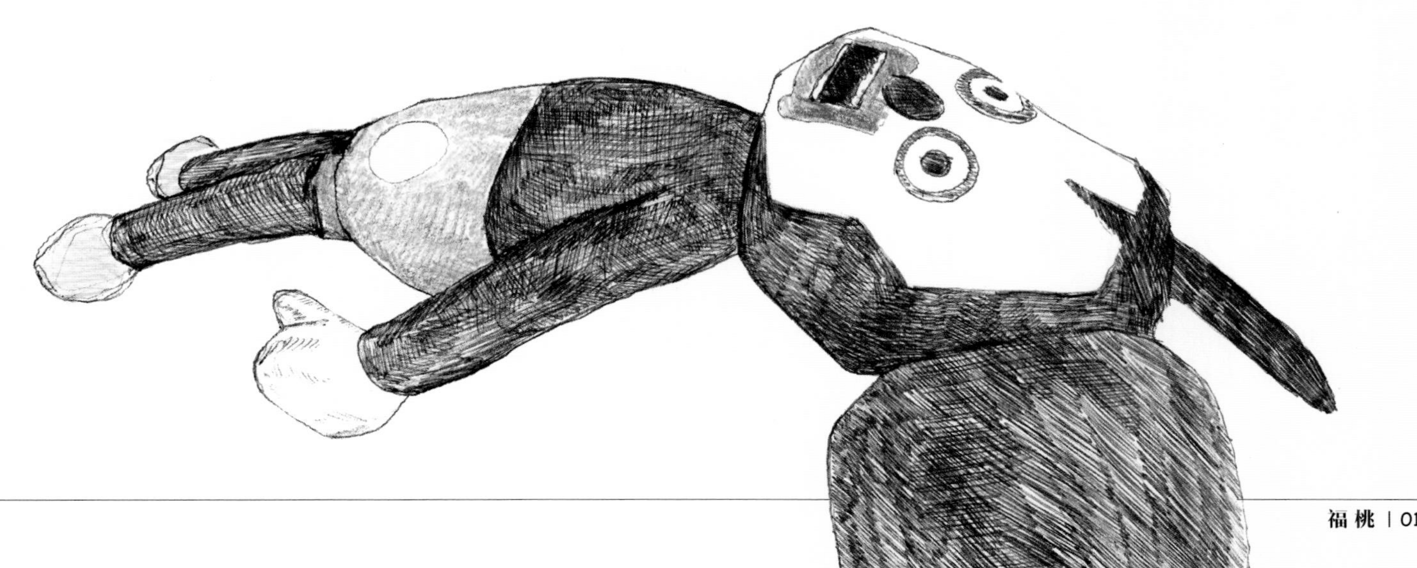

摄影：强纳森 · 席安弗拉尼

什么，我认为只要知道如何点餐、要点什么及何时是点东西的适当时机，那个地方就是家了——知道自己身在何方，也知道自己在这片土地上的身份角色。然而，在东京我毫无机会。

同时也因为身处当地，使得《纽约》(*New York*）杂志——主导全美餐厅风评的指南更像废话。这些让人心头一喜的随机所在，大多只是人们聚集的餐厅，他们会去那里，只不过因为他们需要吃东西。因为这是他们的社区，他们土生土长的地方。也许主厨来自个人家乡，谁知道他们为什么跑来这里，但总不是因为流行、风潮、星星或排名，有关的只是食物和随之而起的一切。

美食的真正意义在于文化。我了解这句话的意思，这是深入美食领域的关键，听来耳目一新，鼓舞人心。这也是一个提醒，提醒我为何一开始就对美食领域如此动心。

不久我回到餐厅里面，大伙也很快就启程回家就寝，准备隔天早上再次进行同样的工作。

第三天：2011年1月12日

JR线的东京车站是个交叉蔓延的复杂体系，充斥着人类交通嘈杂的嗡嗡声，环绕着一排又一排汽车、出租车，巨大的玻璃塔从圆顶中央射向天空（后来有人告诉我，比起涩谷车站造成的晕眩感，这车站只不过是“小儿科”）。

我们要去东京车站拉面街，整个车站的地下行走区域皆是如迷宫般的美食广场，而拉面街只是迷宫的一小部分。美食广场就像疯狂的兔子笼，一个区块又一个区块曲折蔓延，里面有茶馆、酒铺、各家日本美食的分店。

当我们到拉面街的时候，已有4家店在营业了，还有4家正在兴建中。往下走时，大卫·张解释dori是“街道”的意思，所以ramen dori就是拉面街，这是源自东京荻洼（Ogikubo）的通俗用语，而荻洼这地方就像是“城市拉面诞生地”的专属用词。据说东京车站拉面街的店家，以各家独门拉面风格而闻名。真由子带我们进店的时间比私人用餐时间早60分钟，也就是早餐后、午餐前的时段，这家店只供应沾面，名字叫“六厘舍”（Rokurinsha）。

我们在里面的时候，外面的人龙越排越长。拉面碗一到手时，就知道原因了。

在面来之前，大卫又滔滔不绝说起沾面的事。他说，当他还住在东京的时候，和他一起受训的荞麦面师傅明男（Akio）吃的沾面就是沾面的原型——现在仍偶尔会用mori soba（“盛り荞麦”）来称呼，也就是荞麦凉面。

同时也因为身处当地，使得《纽约》杂志——主导全美餐厅风评的指南更像废话。这些让人心头一喜的随机所在，只是人们聚集的餐厅，他们会去那里，只不过他们需要吃东西。因为这是他们的社区，他们土生土长的地方。

大卫：荞麦凉面就是端上桌的东西除了凉面外，旁边还放着比平常味道稍浓的汤。想到这，就像是："喔，当然，我们何不多吃点像这样的意大利面？"

每次我们把意大利面放在汤里吃，面体就会糊掉，即使加了碱水增加面的筋度，过了一会儿面体状态仍是前途未卜，因为汤实在太烫了。而沾面和荞麦凉面的构想都在于把面煮好，再用冰镇阻断面条续熟的过程，做出嚼劲完美的面。然后在旁边放上味道较浓的汤汁让面蘸取，就像你也想要通心管面或是贝壳小卷面蘸着酱汁吃。

这就是沾面不带汤的原因，它的汤就是蘸酱。味道依照主厨喜好但调得较浓，这就是我最爱的地方：可以吃得很快，又不会烫到整张脸。吃完面，你可以要一些荞麦汤，也就是煮面的汤，加在蘸酱里稀释变成汤。如此，你仍然保有喝汤的全部经验，只是要以解构的方法。

在六厘舍这家餐厅，蓝白色汤碗送上来，其中一碗装着不透明乳白色的豚骨汤，里面放着葱花，添上一片鱼板，大把的柴鱼片，还有少许薄切猪肉片和大堆笋干。面条则单独放在高级而光亮的器皿中，粗细就如吸管面，只是中间没有空心，熟度完美，且用流水降温后保持冷却状态。

我俩兴奋地狂喝这豚骨汤。大卫·张立刻发现汤里有明显的鱼鲜味——而这鱼鲜味也成为其他味道的骨干。他开始说着美国食客绝对不会尝试的食材清单，快速念出鲭鱼干、干贝，然后指认一堆磨得像粉末的柴鱼片就是元凶，就是它把汤带到最高境界。

大卫：这粉末——我认为这是吃拉面的酷炫新手法。隔了8年，我好像和做拉面的秘密武器离得好远，我确定人们会像……你绝不会知道拉面的起点，这是真的。但这些撒在拉面上的粉状玩意儿——我想一定很流行，就像是打褶裤和复古风双排扣夹克一样。在美国实在没有什么东西可以和日本人对拉面及其变化的痴迷程度相比，汉堡狂、比萨热或是烤肉风都不算，它们一点都不像日本的拉面狂热，会不断创新。我的老天，我要试一下这该死的汤。只要尝尝这汤头（看着我的手伸向汤匙），你根本不需要汤匙[1]。实在（吸气声）太不可思议了！（吸气声）这些面真疯狂，这汤也超棒。

我：这是某种新境界（吸气声。请想象我们吸个不停）。

大卫：这些面简直棒得没话讲！

我：有嚼劲，汤就像……

大卫：这碗面一定就像兴奋剂。

我：喔，等等！我还没把凉面放进去，要加什么东西吗？一点柚子粉吗？

---

1 令人吃惊的是，在我的经验里，使用汤匙的日本人还真是少，都是直接从碗里吸，十分干净利落。这样吃倒也没问题，还可以让我欣赏到盛器有多美。——原注

大卫：别害怕，多加点。

我：这无疑是我吃过最好的沾面，可能也是我吃过最好的拉面。我的意思是，我无法置信这一切竟是这么搭，要想得多么透彻才会把这些东西放在一起。

大卫：我一生吃过很多拉面，也常有违心之论，但说实在的，这拉面真是该死的美味啊！

我还在享受这东西被我吸光的过程——这是我生平吃过最美味的拉面。但其实我也察觉到我爱批评的本性关闭了——照理说，我应该试着找出汤里的味道。因为摄影机的关系，我在思考该看哪里，还有筷子是否拿好。思考着我要有正常表现，要向大卫提出引导且模式化的标准问题，如此大卫才可显现权威感。

中岛先生为人真是慷慨，请我们的工作同仁吃了个饱。当他们都跑去吃沾面时，我检查某一台摄影机拍好的录影带，看到整段时间我都在摇晃那十分可笑的马尾。我去美食街溜达，想着摄影机里的我，怎么会是那一副蠢相。自责了好一会儿，决定回到美国就要把这条马尾好好解决，并提醒自己正在东京市中心 JR 线地铁车站的中点，才刚吃完也许是我生平最好吃的一碗拉面。然后我的天主教教养又跑出来了，觉得好糟糕，怎么会对自己外表的蠢样感到沮丧呢！

回到六厘舍，大伙挤进小巴开到银座（大卫开始漫不经心地用 iPad 玩起某种叫作"太空基地"的第一人称射击游戏）。我们已经约好要在一家叫作"泽田寿司"（Sushi Sawasda）的店吃午餐，"泽田寿司"位于某狭窄巷弄里一间好小好小的办公大楼三楼。寿司这档事容后再讨论，总之我们在泽田可说吃得很满足，因为这家店是最好的。大卫几个星期前才去过那里，他说我们得去吃一下。他说的没错[1]。

之后，我们又去日本皇宫拍些空镜头。我和大卫、真由子懒洋洋地坐在草地上让摄影师拍。不知怎么话锋一转说到日本黑道，整整 20 分钟的谈话，我才明白自己对日本黑道到底多有实力其实一无所知，我以为他们全像昆汀·塔伦蒂诺电影里虚构的家伙，但大卫和真由子向我保证才不是那么一回事。

大卫说了一个故事，一群年轻黑道分子每天来回数小时从大阪河泉飙车到鸟取，用他们胯下风火轮发出的尖锐吱嘎声吵醒居民，但没人敢做些什么。然后话题又说到小指头。显然在黑道文化里，不守承诺是用小指头偿还的。话说有个黑道分子为了巩固权力杀掉不少人，引起警方注意而被捕——后来在他家的冰箱竟还搜出一堆包得好好的小指头。

去他的小指头！

第四天：2011 年 1 月 13 日

第四天是拉面之旅的中途站：拜访柴鱼工厂。柴鱼一般称作鲣鱼，是最常且是传统用来做柴鱼的鱼种。鱼要先煮过，再经过烟熏并发酵，整个过程不断脱水，直到质地变成硬性树脂一般。做好后再用刨刀般的器具刨成薄片，加入昆布就可以用来熬高汤。而高汤是日式料理

---

1 回到面食主题前，我要说说这家店的精彩之处：

- 泽田寿司店的冰冻库是用冰块冷藏，而不是使用冰箱系统，因为冰箱的风扇会把鱼吹干，这是泽田幸治主厨告诉我们的。他店里鱼的质量，在我的经验里无人可比，刀工及调味也是，质量之高，正是支持他说法的极佳论据。
- 他将鲔鱼熟成处理——熟成鲔鱼就是那种贵到爆、属于最后恐龙那型的东西——他把鱼放在冰箱 10 天，鱼肉就变得超级好吃。
- 套餐中，他端上一道带梗的美味樱桃小西红柿做清口用。
- 他没有用盘子，而是把厨台擦干净，鱼直接摆在我们面前。
- 不，完全没必要在每样东西上加酱油。新鲜芥末用鲨鱼皮的磨盘磨出一点泥，放在上面就可以了。
- 非常优雅，令人震惊的优雅。

说到这里就够了。吃那种寿司，是寿司艺术极致的展现，将整个身体感官推到最高点，就我所知没有用药。而我想，适当的描述词就是"狂喜"。这就是我的心得。——原注

及众多拉面的基础，包括 Momofuku 拉面吧[1] 的拉面也是——只是大卫用艾伦·班顿的培根肉[2] 取代柴鱼（关于培根汤的食谱，见 p.120）。

柴鱼工厂距富士山约两小时车程，是我这辈子见过最酷的山。我们绕山而行，富士山多半时日就圈在皇家玉带般的云环中。在日本艺术和设计中，富士山的地位无上崇高，敬畏之心因此而起——这会儿我才懂了。

食品厂之旅应该很有趣，但你去得越多，每家工厂似乎就越不重要。尤其当你身为四人小组的一员，离开了摄影机却想要努力挺住，但身处吵闹的工厂环境，一面听着口译人员说明腌制海鲜的复杂概念，人……很容易就放空了。

但这地方还是很棒，很有电影感。天花板是波浪金属板，钉在由煤渣砖头架起的空屋大梁上——颜色黑得就像老烟枪的肺。灯光流过半透明的窗，照出完美斜度，水泥地似乎永远是湿的，让我的厢型车几天后还是臭的。多希望我们能在这里拍动作电影片尾的武打戏，而不是美食节目。

他们先煮鱼，是一早才从一艘泰国来的渔船卸下来的。煮鱼的水之前已煮过千万条鱼，水色深如油膏，与我印象中的原油没什么不同。在焙干房里大堆劈好的木柴被报纸点燃，冒出熊熊如铸铁般的巨焰，火光强到我可以直接拍快照。

外面停车场的升降闸门附近有一座神社。这个文雅的升降闸门是专为吸烟者照亮下面环境而设置的。神社的走道摆放着整齐排列的可口可乐罐子，看起来就像用来插蜡烛或插香的器皿。

送货卡车停了下来，司机打开鸥翼车门，这台看来很像德劳瑞恩跑车款的小型货运车满载冷冻鲷鱼。

就像其他不做柴鱼的鱼，我想这些鲷鱼最后会和柴鱼产品的废渣一起变成猫饲料（说实话，途中看到新闻资料，说他们的残余废料会做成“肥料”，所以当我瞄到放在工厂停车场的猫食空袋子，自己做了结论，认为这是肥料之外的另一种应用）。

请别指责我不用心（如果我们把整段采访一一回放给你听，这篇没完没了的短文就会变得更长了）。以下提出一些与柴鱼有关的趣事：

- 熏烤柴鱼的主要木料是紫檀木。
- 质量较好的柴鱼叫本节（Hon-bushi）—— 或许你可在超市买到整块柴鱼。

1 Momofuku Noodle Bar 是大卫·张 Momofuku 餐饮集团的一环，2003 年在纽约东村开张，以拉面和凉拌冷食为主。目前集团已在美国和加拿大等地开了 6 家餐厅、2 家高档星级餐厅、5 家点心店和 2 家高级酒吧。

2 Benton's Smoky Mountain Country Hams 公司所出产的慢腌培根。该公司由艾伦·班顿（Allen Benton）在 1973 年取得经营权，出产的培根被 *Esquire* 杂志誉为全美最佳。

摄影：彼得 · 米汉

- 荒节（Ara-bushi）是较便宜、制作时程较短的柴鱼，且多半已经刨好了。
- 两者都可以做出很好的高汤。
- 对于累瘫在厢型车的一堆人而言，“猫食人肉节”是大伙在回家途中最有趣的玩笑话，尤其是在结束柴鱼工厂一日游后，众人全都臭得像烟熏鱼。

第五天：2011 年 1 月 14 日

这天的行程从大胜轩总店（这名号多被东京拉面店胡乱冠上，就像纽约的比萨店都叫 Ray's）开始。

大卫：关于日本料理文化，有件事你们得知道，一个人只能做一种既定料理形式，没别的，就这样，如果你试着做别项，只是在“装腔作势”，有时候我就是这样想自己的。

早在 1959 年，山岸一雄先生就发明沾面吃法，这是我想不透的事。他改造食物，即使他所做的只是撷取原本荞麦凉面的呈现形式，改成中华荞麦面。

他头上包着大毛巾，样子有点像厨师与“世界摔跤联盟”（WWF）摔跤手的综合体，或者像电影《星球大战》的角色，令人敬畏。

当我还住在日本时，他的老店在早上 11 点开门营业，如果你没有在 10:30 到，至少要等上一小时。我第一次去那里，看到人们带着折叠椅和雨伞排队，一个贴着一个就像天气很冷一样，大家排队等吃面。

他的妻子死后，山岸先生把这家店关了，但在大众热烈支持下重新开张，所谓支持就是写信啊诸如此类的。

我想山岸先生现在快 80 岁了，做菜对他来说是很难、很累的工作，特别是拉面店，在那里工作需要很大的活动量，也需要到处走动。过去一直做的事，他已经做不动，但确保味道不变对他仍然重要。

所以山岸先生现在住在大胜轩新店的对街，新店仍位于新宿近郊池袋的老店原址。每天他在面店开门前就到了，员工替他拉开椅子，好让他坐下喝茶。看得出来那里的员工无比尊敬他。山岸先生来时，他们会算好喝茶最完美的时间，先倒好茶，加入冰块再等一分钟才是最适合山岸先生入口的温度。

你们还可以看到吧台角落旁边地板上，有一个突出的木桩。你一定好奇：“他们为什么放这东西？没道理啊！”知道为什么吗？好让山岸先生的拐杖有个地方放！我的天呀——他们设计餐厅时还替这个人的拐杖安排地方，真不可思议！

不管怎样，山岸先生喝完茶，营业前都会去厨房试喝高汤，每天都如此。他会说：“汤要多放些这个。”所以师傅们就再加一点鱼粉、蔬菜或葱什么的。要他说“行了”才可以。等一切就绪，山岸先生就会坐在厨房外面，像电影《教父》里的马龙 · 白兰度坐在小小位子上，整日喝茶，客人来时，就像大佬一样向每位客人致意。超酷的！

那天我们会见山岸先生，大卫就像个中学女生一样，被迷得晕头转向，以前从没见过他这样。老店的名声和实力永远使人对他怀有敬意，这就是威严所在。就像南卡罗来纳州的人见到了 The Nature Boy 瑞克·佛莱尔[1]，哇!

我们看着山岸先生以自己的节奏成就自己的功业：木桩上的拐杖、茶、试味道及宣告缺什么味道。大卫在我耳边低声说："我甚至不记得上次试喝自己的拉面高汤是什么时候?"

午餐快撑死人。我甚至吃不完我的超大碗拉面，这碗面大概有 3 磅重吧! 大卫对我的状况毫无怜悯之心。他表示，在拉面店吃不完拉面闻所未闻，除非你想找麻烦[2]。

饭后我们开着车到处逛，这天剩下的时间都在玩 iPad Risk 上打不完的游戏。最后停在 Birdland，一家米其林星级烧烤店。然后又到新宿黄金街的酒吧 La Jetée 喝一杯，这一带一向是被黑道控制的街区，黄金街全是两层楼的超小型房子，每层楼都有酒吧或餐厅，但没有一家店的容纳量超过 12 人。两位电视摄影大哥坚称我们是来朝圣的，是来向法国名导克里斯·马克致敬的，特别是缅怀《日月无光》(*Sans Soleil*)，当然还有《堤》(*La Jetée*)这两部电影[3]。

这天的行程在拉面店(Nagi) 结束，面店离 La Jetée 酒吧只要丢颗石头就到了。要走狭小的阶梯上去，地方好小。厨台上放着用塑料套包好的叉烧肉(里面是猪里脊和猪肩肉卷)，卤蛋放在旁边的大水缸里，已没有多余空间料理东西了。

清瘦的主厨穿了件黑色 T 恤，上面印着排成四方格状的拉面碗，头上红白相间的针织头巾绣有 Nagi 店名。他做拉面有效率又精准，加上一丁点天分。这家拉面店是我们旅程中碰到用鱼汤用得第一重的，带着浓重的干燥鳀鱼味，还加了一点若有似无的酱油香。

这家伙的面绝对是手工的，我觉得里头略带硫黄味，是加了很多碱水又带着蛋香的碱面，但质地极好，面体细又带嚼劲。他还在这碗比尔·奥克特[4]里偷加了一点两英寸宽的扁面条——正好和正常面条缠在一起。如果我要开家拉面店，一定会把这套招数照单全抄，好吃，好看，好品位。

啊……我想，一定是疲累才让我们的 Nagi 经验有点

摄影：强纳森 · 席安弗拉尼

冷淡，有时候就是如此：一个人的食量最终也只能吃下这么多。

第六天：2011 年 1 月 15 日

这是我们在东京的最后一天，我们拜访的对象是艾文·奥肯(Ivan Orkin)，他是"艾文拉面"的主厨及老板。

对于在旅途中拍摄这么一号人物，我心中不免困惑。这是一位说英语、纽约来的外籍白人拉面主厨，但当我们走进他的店，听到饶舌乐团"人民公敌"(Public Enemy)的歌 *By the Time I Get to Arizona* 正以敲碎头骨的音

1 瑞克 · 佛莱尔(Ric Flair)，名号 The Nature Boy，摔跤界传奇人物。职业生涯 40 年中赢过 16 个不同赛事的世界冠军。

2 又是哪个韩国人在午餐后吃饱了撑着跑回后巷吐了不少恶心的面条? 当然，大卫宣称，这又不是什么坏事——他说，只要他把所有下肚的面条都吐了出来，他的眼睛就会血管爆裂充满血丝，在后续的镜头里，他就会看起来像坨屎。哈! 他真是太专业了。——原注

3 克里斯 · 马克(Chris Marker，1921-2012)是法国当代最具前卫实验精神的电影大师，1962 年的科幻经典《堤》[后成为电影《十二只猴子》(*12 monkeys*)的蓝本] 及 1982 年的《日月无光》都与日本有不少渊源。新宿黄金街的 Le Jetée 酒吧就是因为老板娘太爱《堤》而命名，且引得绝少露面的马克亲自光临，过程记录在另一部缅怀日本风情的经典电影《寻找小津》中，该酒吧因此成为电影人的朝圣地。《日月无光》更被认为是马克对日本文化的绝对痴迷，大段场景就在东京，充满日本众生相与其他种族对比的观察，而原名 Sans Soleil，意思是"没有阳光"，对照大和民族以太阳为象征，更见隐喻。

4 比尔 · 奥克特(Bill Orcutt)，噪音派摇滚乐团 Harry Pussy 的吉他手，特征是弹奏无调性。

量嘶吼着，我就释然了。然后我听他述说着拉面的事，再尝了汤，确信这家伙最后一定会变成了不起的大师[1]。

他的鸡汤拉面使用双拼汤头，以浓厚柴鱼味的鱼汤为底，再放上鸡汤，一层黄澄澄的鸡油浮在汤面上。他的葱很甜，带有一丝辛辣，葱丝切得漂亮。煮蛋时间需花 6 分 10 秒，他透露的数字虽很特别，也不做作。

我们跟着艾文离开，前往另一家拉面店 69 'N' Roll One。这家店地处偏远郊区，受人狂热崇拜，本来在按摩店旁边（之后搬家了。对那些计划想结合双项享受的人说声抱歉，我不知道新店地址旁边有没有按摩店）。69 的日文发音是“Roku”，所以这名字听起来就像“Rock 'n' roll”。主厨岛崎顺一先生有着一头光滑油亮的蓬巴杜发型[2]，全身尽是摇滚风格。

除了疯狂崇拜摇滚风，这家店最有名的是肃静，你不会听到任何一点除了做拉面、吃拉面之外的声音，不准说话，不准看书，不准抽烟，不准发短信——真的，这些在餐厅里全数禁止。大卫和艾文只好在店外聊天：

艾文：所以和岛崎先生这个人在一起吃面时，你不准说话，不可以看报纸，也不可以看手机——如果要添茶水，必须先把玻璃杯里的喝完才能开口要求。

大卫：我辈中人。

艾文：是啊！你知道吗？我和这家伙认识很久，也是很久的朋友了，他实在是个好人，但我常质疑他的态度。我的看法正好相反。我想人们吃拉面是因为这是有趣的事，吃拉面时人们喜欢大笑、胡闹、聊天、吵成一片。要求静默这种事，连我也质疑。但是当你看到这个人，他是如此绷紧神经，如此专注在做拉面，最后，你不得不尊重他的规矩。他不是个讨厌的家伙，他不会发短信给朋友，也不看杂志。他就是在做拉面，真正专注地做拉面。我的意思是，他秉持荣誉在做拉面。就像是，“他花了 20 分钟专心做出来的东西，只是要求你也专注一点，这是很公平的事”。而且，他的拉面真的很棒，他找来最棒的鸡、最好的油脂——如果你觉得我的油脂很好，那他的东西你不爱死才怪！

他们先走回店里吃拉面，我随后跟上。岛崎先生的拉面非常清淡——是鸡汤底的盐味拉面（Shio，以盐取代酱油做调味），希望我没误解。面条非常细，煮得刚刚好，而他的肉片是我那天吃到的所有肉片中较干的，但最后他放入每个人碗中的那点香滑鸡油——金黄色泽且散发浓郁的鲜鸡香气——替整碗拉面画龙点睛。（当我回到家后，就开始在各种食物中加鸡油，想回味当日拉面的鸡油带给我的兴奋愉悦，一连持续好几个星期。我觉得艾文说的没错，他的鸡油真是神奇的东西。）

接下来，我们前往新横滨拉面博物馆。本来预备回

1 身为地道纽约客的艾文·奥肯在 20 世纪 80 年代去日本教英文，回到美国后进厨艺学校学习，2006 年才在东京世田谷开设个人拉面店，在日本传统拉面市场上，外国人开的拉面店纯属异数，参见 p.34《独一无二的艾文拉面》。

2 Pompadour，全部头发抹油往后梳，俗称“飞机头”。

程时再和岛崎先生聊一聊，但交通状况很差，行程又赶，计划只好作罢，真是可惜。先前在安排这趟旅程时，真由子在寄给我们的电邮上写着对岛崎先生的生动描述：

> **岛崎先生对于拉面制作非常讲究，他只用秋田县产的比内鸡，而且非这款鸡的鸡油不用。对水的酸碱值要求更是严格，他在店里使用镁球滤水，使水带有微酸性。汤碗则选自有田烧，且用纳米科技上漆。岛崎先生曾秀给我看，放在他家有田烧中的拉面和普通碗中的拉面味道有何不同。结果实在令人惊叹：有田烧的碗使汤头更温和醇厚。**

真不幸——我没能参与纳米汤碗的实验。

拉面博物馆很酷，如果我看得懂日文，又或者年龄才12岁，就更酷了。我把大半时间都花在礼品店，里面有卖各家名店出的方便面，像是山岸先生家的拉面就在里面，岛崎先生家的拉面也有，就这样我买了一大袋，袋子上面还印着博物馆之前的吉祥物，一只卡通猫。馆方告诉我，他们大概不会再用这只猫了，因为有人开始以为拉面真的是这只猫做的[1]。

腹中装着满满的猫面汤和隔天早上的早班火车行程表，我们回到东京市中心，杀到百货公司收集更多礼物给远在家乡的亲友。我花了大把钞票买了法国甜点大师皮耶·艾梅的香柚马卡龙。大卫对着我吼，要我只买带得回美国的礼物。所以在回旅馆的路上，我在小巴里把马卡龙分给大伙吃：从来没有……我从没吃过这么有味的糕点……味道一直……居然就这么一直……还有味道。我的天啊！这也太好吃了吧！

那天晚上，明知不可取，我还是和杰瑞·莱瑟斯（Jerry Risius，他是和我们一起出外景的摄影大哥，也是这个星球上最厉害的恐怖故事宝库）跟着水野先生一起出去。水野先生是大卫最后一次到日本旅行时认识的朋友，大卫形容他就像“多瑟瑰”（Dos Equis）[2]广告中世上最有趣的男人，只是主角换成日本人。而且还是真有其人！

一如往常，满身瘀青留到隔天早上。那天晚上我们去了很多酒吧，喝了各种酒，吃了鳕鱼精囊火锅，还有周而复始的絮絮叨叨，面对旁人我们却说着自己的话，直到夜晚结束，时间已是早晨稍晚的时候。

我喝醉了，梦到了拉面——很快就没机会再吃到了，就这样睡了一个美好安静的觉——还要另一位摄影大哥裘恩想办法钻进我的房间把我摇醒。彼得，时间到了，快一点，我们要去赶火车了！◆

1 博物馆的吉祥物选自曾西健二在2006年创作的四格漫画《猫先生拉面屋》的主角“大将”，这只美国短毛猫对拉面充满热情，费尽心力要做出大家都喜爱的“日本最难吃拉面”。

2 Dos Equis是德国酒商在1897年于墨西哥开设的淡啤酒品牌。2007年销往美国时，一反酒类广告都以美女做卖点，推出“世上最有趣的男人”策划。这位最有趣男人年事已高，有着花白络腮胡，眼神坚定，喜欢在世界各地探险，会说法语和俄语，爱美人与猫头鹰，喝着啤酒，要人永远保持饥渴。

就这样，我们离开了東京。

大卫·张

拉面男的崛起

安东尼·波登的店

文字：安东尼·波登（Anthony Bourdain）
插画：华特·格林（Walter Green）

THE RISE OF A RAMEN BOY

要探索大卫·张的生命、事业以及他在料理界的影响力，最有用的方法是借着与其生涯对应的电影作品来说明：有三部电影可以帮助厘清之前无法得知的各个阶段，特别是他的“前拉面期”与“后拉面期”。

我们通过大卫·张撰写的Momofuku餐厅美食书得知，他从金融服务业工作中醒悟，前往日本教英文并学习拉面制作的艺术。也许我们可以相信他的表面说法——他曾经是经常接触泡面的年轻神学院学生，因为泡面的关系，他切断所有熟知的一切，启程前往一个与泡面有关的国度——日本。身为韩裔美籍人，他想必觉得有些矛盾。

我提出另一种看法：年轻的大卫·张受到日本大导演伊丹十三对拉面疯狂拜物的电影《蒲公英》（*Tampopo*）影响。

年轻人很容易受感动——对宗教渐渐醒悟，失去对上帝的信仰，因为一直吃泡面而动摇——这样的年轻人难道不会受伊丹电影中这位中年寡妇的诡异故事而迷惑？片中这位寡妇只想摆脱她那简陋（也做得不太好）的拉面店生意，老饕卡车司机五郎（Goro）和阿军（Gun）光顾这家拉面店，进而把她的工作场所变成拉面修道场。在大师帮助下（一位房屋装修师傅），情节开始循着东方三圣的故事发展：包括一位需要帮助的单亲妈妈、一位年轻男孩，以及三位神秘恩人（电影里是四位）的到来。

“注意看着碗，”拉面迷大师如是说，这是一场对浓汤拉面近乎情色描写的戏。“专注在猪肉上”，看着表面如“宝石闪耀的油光”，他教导年轻徒弟不要急着吃猪肉，还没到时间，“吃肉是关键，但要含蓄地隐藏”，现在用筷子“爱抚猪肉表面”，当观众因欲望而骚动时，大师继续说：“表达爱意……轻碰猪肉一下，但不要吃！……向猪肉道歉，暂且把它摆在一旁，说‘待会儿见’！”

《蒲公英》把食物与情色跨界联系的做法，虽然不是唯一，仍属少见。相关性在几段副线桥段中特别明显，如拿蛋黄做“滚雪球”式的性爱游戏，龙虾放在女人身上当性刺激，以及愉悦、痛苦对照软体动物的交缠。《蒲公英》中所谓“得道”的最高境界在于对汤头的掌握——以某位对拉面毫无基础且逐渐疏离的年轻人来说，这是不得不正视的

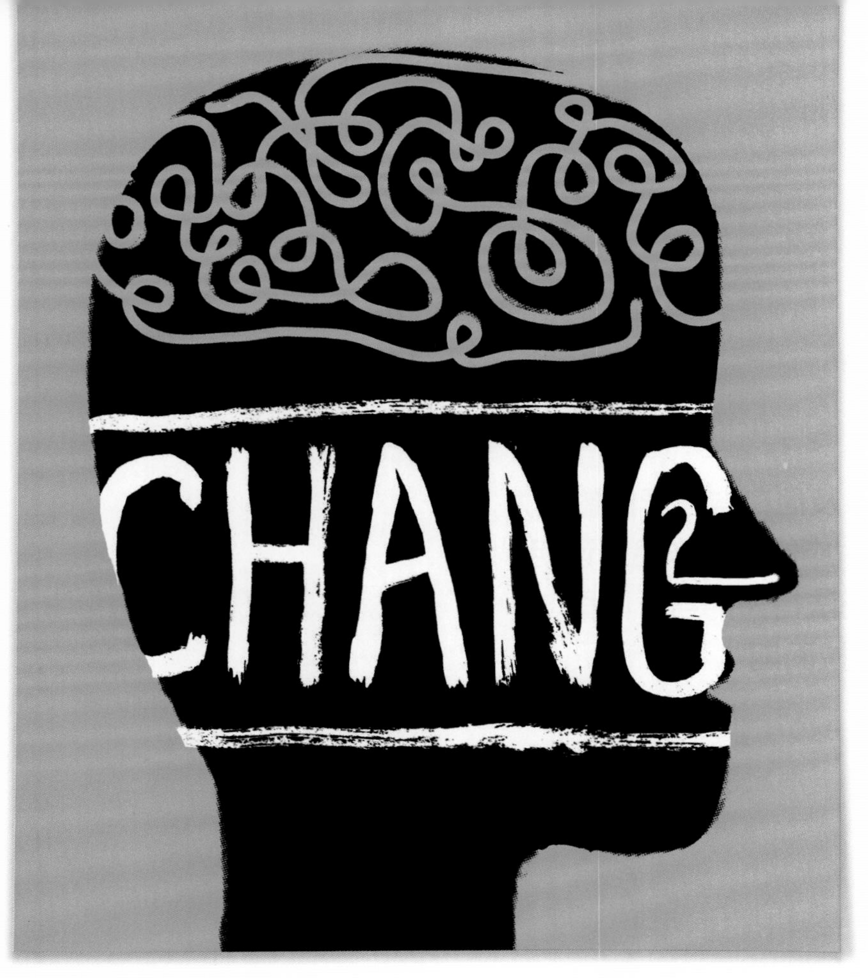

想法。当然，当年轻的大卫要转换人生跑道迈向新局，早一点对这项打基础的工作熟悉也是必要的。

但又如何解释大卫·张怎么从一个从纽约下东城拉面摊出身的新手厨师，摇身一变成为另一种创新精致饮食形态（也算一种休闲美食）的创造者？很多人认为 Momofuku 餐厅的招牌菜“鲜虾玉米粥”是一道突破性的名菜——精确地说，大卫的韩裔血统与法式—日式训练互相碰撞，结合了他成长于弗吉尼亚的背景，让大卫找到个人风格，进而使他声名大噪，广受喜爱。还有一部电影呈现大卫·张“后拉面期”出现的惊人前兆，这么说吧，就是当大卫和他的合作伙伴“脱稿演出”并开始研发新型食谱新页的时候。没有比日本导演大林宣彦在 20 世纪 70 年代后期所拍的疯狂恐怖电影《鬼怪屋》（*House*），更能说明大卫·张转变的过程了。

大林宣彦不但是广告导演中的一把好手，也是前卫电影短片的兼职制作人，他在正式体制中一直被忽略，情形就像大卫·张。但突然间，也许是坏判断加上好运气，大林发现自己正跟一家大片场打交道，他不走传统路线（就像张一样），使刚开始起步的梦幻事业遭到溃败。但他努力深耕，艰苦经营一部极富创意且近乎离经叛道的电影，因此创造出全新的观众群：一群年轻另类的死忠支持者，他们多半对以往传统死板的电影毫无兴趣。

故事描写一群少女拜访姨妈阴森邪气的屋子，结果被闹鬼的沙发床吓个半死，还被钢琴所吞噬。这部带着糖果异色的恐怖故事是一部迷幻拼贴，结合了“粉红电影”（pinku eiga；pink cinema）[1]、意大利恐怖大师阿金图[2]和法国名导戈达尔（Jean-Luc Godard）的电影元素。作品里使用各种（廉价的）视觉特效，大胆结合录像技术、35 毫米底片、屏蔽效果、慢动作定格等镜头手法，还使用好几千加仑人造血拍出以往没人想要的但显然很多人需要的电影。

同样，大卫·张的后拉面时期响应了以前没人问过的问题。在纽约，并没有人显现出他们对融合日式/韩式/现代派/美国南方风格的“无国界料理”（Fusion）有任何渴求，而大卫·张就如大林宣彦，在大家还没准备好之前，就将计划丢在众人眼前，而这样很可能被当作疯子而遭到拒绝。

以上怪异的对比和大卫早期住在日本的经验，让我们相信大林宣彦的影像工作清楚且持续地影响大卫——就像是大卫崛起的蓝图。

正因为这是全然自传式的对比，我请各位注意由罗伯特·艾伦·阿克曼（Robert Allan Ackerman）执导、布兰特妮·墨菲（Brittany Murphy）主演、斯图亚特·霍尔（Stewart Hall）和奈良桥阳子共同制作的电影《拉面女孩》（*The Ramen Girl*）。

Momofuku 帝国的建立可溯及这部被人严苛评价的独立电影，然而看着这部电影，我不禁想：不知是巧合还是怎么着，这是一部描写年轻美国人向要求严苛的拉面师傅学艺的温馨小品，而它的成片时期正是在大卫·张这颗明星向上蹿升的时期。又是如何凑巧，布兰特妮扮演的角色艾比的突破也如大卫·张，敢于挑战传统，敢于追根究底，向老师要求知识，更敢于迈向未知的领域？我认为不是巧合。这个故事与大卫·张的故事太像。布兰特妮也许不是扮演主角的最佳人选，这根本就是大卫·张的故事。

我心中一直疑惑着：英年早逝的墨菲小姐在她备受折磨的最后岁月里，是否曾坐在拉面摊吃着一碗拉面？答案当然是 Yes！她是否串联起各个关键点，了解大卫的作品"味噌奶油玉米"是暗中的贡献——根据日式拉面里的奶油玉米做出令人惊讶且非传统的（北海道之外的）创意料理，然后决定这就是艾比要掌握的风格。难道她会不知道大卫·张的早年生活吗？就像艾比一样，孤单，不受限制，寄望在遥远的东京寻找原因，只能靠着拉面救赎。或许这位"拉面女孩"也曾经呼救过？◆

下一辑杂志，波登将阐述法国知名导演梅尔维尔（Jean-Pierre Melville）早期创作中的"警察"风格与主题设定，以及导演为真实灵感付出的工作伦理，讨论之前这两个议题未被揭露的共鸣处。

——大卫·张

1 涉及色情、惊悚、暴力、变态、虐杀的日本电影片种，20 世纪 60 年代到 80 年代在日本各小型电影工作室流行。

2 达里奥·阿金图（Dario Argento），意大利知名"黄色惊悚片"（Giallo）大师，20 世纪六七十年代意大利的情色惊悚小说多以黄色为封面，延伸到电影成为特殊类型，而阿金图在色情的镜头语言外，擅长以刺眼色调、惊悚配乐及夸张的视觉效果来丰富恐怖元素。

★★★★ 注意看！ ★★★★

从东京拉面诸神的宏伟神殿，选出的拉面之神五重奏

东京拉面之神

策划 彼得·米汉 PETER MEEHAN · 艺术创作 麦克·休斯顿 MIKE HOUSTON

东京的拉面之神大概就像印度教的神祇一样多。我和大卫·张及电视拍摄小组一行人在近期的拉面之旅中就拜访了 5 位这样的人物。（“拉面二郎”山田先生不愿意让我们在店里摄影，但他在拉面界的影响力不容小觑。）这些大师全心全意成就手艺事业，令人动容。

回到美国，我们委托艺术家创作以下图像表示敬意。拉面狂也许会大声喊冤，说我们遗落太多值得尊敬的竞争者了，如大宫守人[1]或王文采[2]。请将以下 5 位拉面之神当作无尽参拜的开始，而不是整座神殿的总结。

这里再现的艺术形式是由布鲁克林的印刷艺术工作坊 Cannoball Press 制作，由印刷艺术家麦克·休斯顿（Mike Houston）设计，以 1938 年的古董模型 Vandercook 凸版印刷机 24 号印制的 18"×24" 凸版印刷，文字以老式木活版及铅字打印，图像则是手刻活版。我交给麦克最基本的主厨肖像涂鸦，而他将潦草涂鸦变成疯狂神奇的艺术作品，你可以上 cannonballpress.com 订购大师图像。 **——彼得·米汉**

1 大宫守人是“味之三平”的老板，味噌拉面的创始者，从路边摊一路做到今日的札幌名店。

2 传说中王文采是 1923 年在札幌“竹屋”餐厅工作的中国厨师，据传是“拉面”一词的创造者。

让我们向他的滚烫教义鞠躬敬礼

★ 69 'N' Roll One主厨 ★

岛崎顺一

拉面界的摇滚天王

你们将可以
尽情享受拉面
碗用纳米技术上过漆
鸡油来自秋田县
但要寂静无声！

大胜轩元祖·山岸一雄
大胜轩圣山之料理至尊
沾面老祖★山岸先生
★活传奇★人间国宝★

进入二郎贰拾陆功房拜见

★线上★辛★辣★大师★

拉面二郎老板

他自创

风格

山田拓美

和他的 WILD-STYLE 豪迈拉面

白菜 大蒜 豆芽菜

就是二郎风的

三重挑战!

见证！对抗所有外在眼光，跨文化魔术料理！

受伟大感召

艾文拉面老板

艾文·奥肯

纽约香气在东京的心脏飘香

六厘舍创始者三田辽生团队★地下城堡拉面摔跤双人组！

★三田辽生★乌鸦斗士★

选手特色：沾面、重量级

必杀秘技：六厘舍超级加压拉面原子弹击溃对手

独一无二的艾文拉面

只有艾文知道日本最佳拉面店的运作状况，
也只有犹太白人出身的纽约客才会在自己的面条中偷偷加入黑麦面粉。

文字：艾文·奥肯（Ivan Orkin）摄影：山口典子（Noriko Yamaguchi）

京王线的起点是新宿摩天大楼的聚集所，向西驰行数小时后穿过市郊到达乡间，“芦花公园”（Rokkakoen）是个很难形容的电铁区间中站，一出站就是个小镇，除了连锁商店，大多数小店的经营者都是60岁以上的老人。其实，那些店看起来也像他们的主人一样——边缘老旧，有些斑驳，但非常友善。

我的店，艾文拉面，就开在芦花公园。拉面店的屋顶向外伸出约30英尺盖住街道，形成骑楼，骑楼把所有商业行为串在同个街区。从我这个角落向下，有卖烟的、卖肉的，还有三间餐厅、一间豆腐店和一家美容院；骑楼下还曾经有一间鱼铺、蔬菜店和一家很大的公共澡堂。这里过去是小区的繁华中心，但自从大型超市和购物中心把顾客从小区骑楼吸走，只留下死忠顾客支持辛苦的店家。

这里的招牌全部沿用昭和时代（1926–1989）的模式，也让这片角落增添不少怀旧气息，至少可让消费者的目光游移上飘10英寸，直到看到我家楼上的霓虹汉字正噼里啪啦闪烁，射到对街。汉字“自家制面”就像起雾海岸上的灯塔突出而显著（也许有人想用另一个比喻，说它们就像“Sore Thumb”[1]，一根痛到只好伸出来的大拇指，杵着碍眼），但我想，我费尽心力做出自己的拉面，就是希望大家都知道它。就像大多数屋龄40年的东京建筑，艾文拉面店的屋况很糟。就算你觉得只要稍一震动它就会倒塌，也没有错。室内用餐区只有10张桌子，每张高脚椅后面的空间很窄，客人要上厕所还得一路从头挤到尾。

艾文·奥肯站在艾文拉面店前。

他的T恤告诉我们他店里的面是他自己做的，但上面并没有提到他放了黑麦面粉。

1 该词意为十分不自然地惹人注目。——编者注

“来碗拉面！”

上面这个词“来碗拉面”，意思是客人点餐了。我从右方的厨架上抓了碗盘放到面前的厨台上，这里就是我的料理台，也是制作每碗拉面的地方。

料理台旁边有三个炉子，空间塞得满满的：第一号炉子上放的是我大老远从纽约拖来的 All-Clad 四方形煎烤锅，里面盛着浅浅一点汤，用来烫最后放在拉面上的叉烧片。第二号炉子上是大号不锈钢锅，锅里正煨着拉面高汤，还有一加仑汤放在后面作为补给。放在这旁边的是拉面煮面器（Yudemenki），里面放了煮沸放凉的开水，腾腾烟雾下几乎看不到下面木制的漏勺。在煮面器旁边的网架上是附盖的铝制容器，里面放了最近才做好且撒上手粉（Uchiko 打ち粉）的面团。手粉就是一种用来防潮的粉，长得有点像玉米粉。

葱丝及其他用具。

吧台后面就是我的料理台，上面摆着很多方形不锈钢容器，里面装了元酱（moto tare，主掌拉面味道的酱料）、鸡油和猪油、鲣鱼粉、卤过的笋干、青葱丝、叉烧，还有溏心蛋。每个容器上插着勺子，每只勺子的大小刚好可舀出正确的剂量。

料理台上放得像积木一样的材料全都要放入拉面里，每个成分都经过仔细计算。舀元酱的勺子要送出 30 克好料作为基底，接着要用 10 克勺子舀入新鲜的鸡油和猪油，还要用小匙在油料和酱油上撒一小匙鱼粉。一切就绪才可以煮拉面。

面放入煮面器，煮 40 秒要拿出来。不光煮面，我同时还要把叉烧片放到放浅汤的锅子里烫，再把大勺放入汤锅，舀起汤加在拉面碗中，此时油化成光轮，鱼粉浮在汤上一点一点的。在这么短暂的时间里，我要准备出 6 碗面。定时器响了，我把煮面勺子从机器里拉出来，然后死命地上下拽动把煮面水甩出去。有些拉面师傅就因为甩水的动作而特别出名。

现在动作要加快些：面放在热汤里等于持续加温，再摆放面上的配料。我在厨台上钉了一组鱼线作为溏心蛋的快速切割器，小心翼翼地把切成两半的蛋放在汤上，一点笋干放在中间，再用筷子夹几片叉烧铺成扇状，最后抓一把事先切好的日本葱丝，细致地堆在笋干上。葱丝的纯白增加了对比，让其他食材的特色更加明显。

这个 15 毫升，那个 30 毫升：艾文拥有差不多一卡车特定型号的勺子，用来保持拉面的一致性及厨房工作效率。

我从柜台后面的小塑料盒里拿出卷好的棉布，把碗上的汤渣擦干净，汤匙放在拉面盛盘上，整道料理要转到蛋正好正对客人的位置。我等着客人眼色，伸长手臂。当客人也正好伸手朝向我的时候，递上拉面。

这一轮结束后，再去煮下一碗艾文拉面。

我有一个令人羡慕的团队帮我布置这家店。我太太真理是国际知名室内设计师，小舅子信一郎是场景设计师和木工师傅，新请的助手太郎毕业于东京最好的艺术学校。我们用深色木纹层板做厨台，角落处切成方形再加上铁边，看起来很有朝气。餐台的上下两方都装上电灯。选椅子的时候，有人建议找些不舒适的——他们说，如此一来客人就不会在拉面店里待太久，但是我还是尽可能找到最帅、最舒适的。我决定晚一点再来担心赶客人走的问题。

在我的老家纽约，如果要开一家餐厅，处理营建许可、小区管委会同意书或与游走犯罪边缘的建筑商打交道，是最让人受不了的部分。在东京呢？握手之后，承包商就会帮你处理一切，而且坚持在开店一个月后再付钱就可以。还说，如果房子有任何问题，他二话不说会把它修好。他仍然会定期来这里逛逛，看看厨房，确定一切都没问题。就我的观察，从城市来的家伙手里拿着活页夹，只会问这里有没有厕所，有啊！再问这里有没有洗手池，有啊！就这样了。

麻酱面上的红辣椒。

刚开店的那个夏天，大多时候店里十分安静，一天大概只有 30 到 40 位客人。但是当艾文拉面开始出现在各个拉面博客时，街头巷尾也开始流传着有个外国人做的拉面很好吃。第一次重大突破出现在 8 月底，当时我受邀上一个黄金时段的大型谈话节目，这一集在星期天晚上播出，到了星期一，在我开门前半小时就有 30 个人排队，之后每天高朋满座，再无食客稀落的时候。平日至少会有 10 位客人等着进门，周末的排队人龙少说也有 30 位。台风期间的来客数也很平均。

博客招来第二波粉丝，事情有好有坏。我的最爱来自恶名昭彰的网站 2 Channel[1]。

不管针对任何事、任何人，大家都可以匿名在 2 Channel 留言，只有不断受到攻讦才表示你是号人物，很多中伤都属虚构。很多人认

艾文拉面的分店比老店宽敞（右页和次页的照片都是在艾文的第二家店拍的），但以美国标准来看仍是窄小。

1 2 Channel（2ch）是日本最大 BBS，1999 年成立，2009 年用户就已超过 1170 万。因匿名留言制度使市民恶意攻讦行为不断，成为日本近年来引发社会问题及网络犯罪最多的网站。

艾文对拉面上的蛋十分执着。他要告诉大家："对我而言，吸着汤匙里的蛋黄和拉面汤是饮食中最美经验，我永远不会厌倦。"艾文溏心蛋的做法是把蛋煮 6 分 10 秒，再丢到水里去，然后去壳。上桌前再用鱼线切开。

为我的店是一家大型韩国企业的洗钱门面，还有人认为我是日本大厨的不法掩护。最好的推测是我根本是个日本人，只是假装成外国人，这个点子真好，好到希望是我自己想出来的。这些风波到现在已经 4 年，中伤依旧持续。

风波持续发展，我在谈话节目出现后几个月，日本第三大泡面厂"札幌一番"（Sapporo Ichiban）与我接触，想要将艾文拉面的招牌盐味拉面做成泡面，放在连锁便利超市贩卖。他们与我接洽，在初次会谈后不久，上市样品已经准备好让我试吃。因为过去一整个月他们都在偷偷品尝我的盐味拉面，且找到他们认为最棒的品种。

根本不是这么回事，吃起来一点也不像我的拉面。面体吃起来像塑料，面汤有强烈的化学余味。但我抗拒不了这个想法——我好想拥有自己的快餐拉面品牌——即使开始很糟糕，我还是决定贯彻到底。

最后我们试过 7 种版本。他们把样品带来，我提供热水瓶里的开水。我们会把全部小包加下去，有油、酱料、长相怪异的叉烧干，厨台上摆满定时器，我也会做一碗真正的盐味拉面，这样他们对于这次的问题点就有较清楚的想法。几次尝试之后，化学余味消失了，他们也同意在面体中加入全麦并改变颜色，这也是泡面公司从未做过的创举，到我说 OK 的最终版，味道已经不错——当然没有真实版好，但也不差了。

上架后，它是泡面公司有史以来卖得最快的泡面，一个月不到，30 万包就卖光了。

经过一年休息，我们在 2008 年重新开张。从开门那一刻到关门那一秒都有人在排队，就算我们关灯了，也有客人想办法进来。我开始拿出名片写上"最后一位"，表示这是我们能服务的最后一位客人。我郑重要求每位晚到的客人接受这个坏消息，如同咒语一般。

到了第二年年底，我上了十多个电视节目——大部分是简单介绍我的店及拉面的普通单元。其中只有一个节目非常不同，那就是佐野实[1]来我的店里吃拉面。你也许不知道他是谁，他是 20 世纪 90 年代晚期的明星，主持电视节目拉面恶魔"Ramen Oni"。

"拉面恶魔"的概念是让有志于拉面的厨师来节目接受日本最受人尊敬拉面师傅之一的佐野先生的训练。这个节目是"顶尖主厨大对决"（*Top Chef*）和"地狱厨房"（*Hell's Kitchen*）的集合体，只是佐野让名厨主持人戈登·拉姆齐（Gordon Ramsay）看起来像只泰迪熊。他会让参加者的志气在每个单元中化为泪水，在当季结束时，吸收最多且将修炼转为经验的人可以受到佐野先生的祝福，帮他开一家属于自己的店。这个节目大受欢迎，佐野也成为大明星。

1 佐野实，因电视走红的厨神，原是神奈川"中华面屋"的老板，1998 年起在"料理东西军"及"抢救贫穷大作战"节目中以拉面达人身份走红，后成为电视节目常客，现有自己的美食节目及拉面品牌，中华面屋也移到横滨拉面博物馆设点。

艾文："我其实很讨厌泡面，只在美国吃过一次拉面口味的杯面。但我自己的泡面品牌却是我成功的主要基础。"

店主

艾文拉面初次上架，就成为"札幌一番"有史以来卖得最快的泡面，不到一个月就卖了30万包。

2000年我到东京旅游时造访佐野先生的拉面店，因为朋友宣称它是东京最棒的店。店内规矩严格，不可以说话、不准打手机、不准带幼童，也禁止客人擦香水。客人来到店里坐下是真的会畏惧的。佐野先生和他的团队穿着浆得直挺挺的白色厨师服（在那个时代对拉面师傅来说，是极不寻常的），在厨房精准地移动，一步也不浪费。佐野先生从来不笑，也从不分心。我和朋友安静地吃，偶尔眼光交会互相点头，那是我吃过最好吃的拉面。

那时我对他完全不了解，之后发现佐野先生对拉面极度Kodawari（拘り），有人甚至叫他Kodawari之父。Kodawari通常是指拘泥或执着于某事，但我喜欢将它翻译为"讲究"。在讲究拉面技艺的世界里，我希望自己是其中一分子。店家想要做到差异性，关键在于老板可以找到独特且高质量的食材——寻找特定来源的鸡或猪，找到远在冲绳小岛出产的盐，找到小型商家出产的酱油，或者是要求复杂的碳滤系统来过滤水质。多年来，拉面是快餐产业的延伸（很多地方直到现在仍是如此），有巨大的产业链，产品由工厂生产，包上塑料袋送到零售点贩卖。佐野和其他少数先行者让拉面得到该有的美食之名。

佐野走进我的店里，后头跟着好多摄影机和少年偶像团体的两位成员。就像我上过的其他电视节目，开场老套，是客人看到柜台后的我长着一副西方白人脸孔时的惊讶表情。我挥着手说："嗨！"一边努力回答他们丢给我的一堆问题，问我为什么开这家店，又是如何经营，然后就是"要做就做，不然闭嘴"。我还做了三碗盐味拉面端给厨台后的他们。

佐野先生喜欢吗？或者他很爱？我真的不清楚——在日本的电视节目上永远看不到对食物的严苛评论。但他穿着一身标准行头坐在那里，白色制服，头发往后梳齐，每只镜头都对着他，而他似乎很欣赏放在他面前的东西，没有把碗摔了或者大叫"我是玩假的"，而我则正尽力不要哭出来。节目镜头拍到他点头称是，这多多少少把艾文拉面提升到东京拉面店的顶级层次。如果以前曾担心我的成功只是昙花一现，只是侥幸，在那个时刻我告诉自己我真的做出来了，一个出身纽约、自许要成为拉面师傅的人真的在东京做出成绩。人潮持续涌入。

佐野先生在这次访问的确给了一个建议。那时摄影机已关，他靠在餐台，说我应该考虑把面汤中水的分量增加百分之一。接下来他祝我成功，并招呼他的团队离开。

隔天，我照他的建议试做。他是对的。拉面的味道真的比以前更好。◆

艾文·奥肯和大卫·张的对话

这段访问在2011年1月进行，地点在艾文的店里，当时艾文正一面准备盐味拉面，一面和大卫聊天。

大卫：不管在哪里，要开家店都不容易，特别是一个白人在东京，你就像痞子阿姆，堪称异类！

艾文：是异类。

大卫：显然你在开店时就知道自己会比一般日本人开拉面屋更易被人用放大镜检视。你也知道当你要发展独一无二只属于你的味道时会有多少压力。所以谈谈你的哲学吧。

艾文：我知道以白人的身份开拉面店是一把双刃剑。无论我做什么，大家都会来吃的。但我也知道日本人，特别是懂得吃拉面的人，格外严苛。他们对什么是好、什么是坏，以及喜欢什么、讨厌什么，早有定见。所以我在隔了10到15年于2003年再次回到东京时，真的被双拼汤头的拉面吓到了——特别是盐味拉面。20世纪80年代我住这里时，盐味拉面并不流行。

大卫：双拼汤头，是两种酱汁或两种酱料的意思吗？

艾文：不是，拉面店做高汤有两种方法，一种是用肉骨加上昆布和小鱼干熬出来的，不同的干货和熏鱼会做出不同版本，每位主厨都有个人秘方。另一种是近来才出现的概念：用两种完全不同的汤头，把它们加在一起。以我而言，我会熬一个非常浓郁的鸡汤，不加蔬菜，什么都不加，只是选自特定区域的好鸡；然后再熬一个柴鱼昆布小鱼干高汤，再把两种加在一起。

大卫：比起从前，看到更多拉面店了。

艾文：喔，真好笑，大概从2002、2003年左右拉面开始真正盛行，主厨们也开始变成拉面超级巨星。

大卫：真疯狂。

艾文：我开了这家店，用卖咖啡的形态卖拉面，这几乎是以前从没听过的。现在大家都希望年轻可爱的辣妹上门吃拉面，所以店就开得更接近大众，又软又美还带微笑。在口味上反倒没什么好要求。

大卫：现在你有了自己的拉面品牌，在日本大概只有辛普森家族可以和你相提并论了吧！

艾文：是喔！超不靠谱的。三洋食品还放上我的大型海报卖遍全国，感觉很怪。

大卫：太神奇了。我想你应该从来没想过会如此成功吧！一路上失败的成分占多少？

艾文：显然你已看过了一堆小拉面店。很多地方都在卖酱油口味的拉面，再配上放了隔夜叉烧肉的饭。一家小店，一天卖60人，一点没问题。但我做拉面，总是对自己许诺若不是毕生吃过最好的东西绝不端上桌，有人会说："他们的酱油拉面真不错，但我想吃点别的。"如果有人在我的店里说出这样的想法我一定会很难过，我要我的客人不用思考他们要点什么，因为每样东西都很好。这应该是每个厨师开店的目标。

大卫：我们昨天去过的Birdland，那里的主厨光是做串烧（き鸟，Yakitori）就几乎做了30年。我对日本文化的这部分总是非常着迷——他们一而再再而三地做同一件事，却可以受得住，做得自在。身为住在日本的美国人，还在日本开了餐厅，要你只做一件事，你受得了吗？还是按照自己想法，决定开出不同的菜单品种？

艾文：那点也让我很讶异。你上美国餐厅，他们无法只做一种面：必须是从世界各地每个国家来的面，如捷克面、泰国面、日本面。我是觉得，你难道不能只把一件事做好？当你去别家餐厅吃饭，那里只卖炸虾，但那是你吃过最好的炸虾。当有一天真的想吃炸虾时，你就会带朋友去那里，每一次都是极致的享受，我想那是令人欣赏的。所以我现在可以回答你的问题，我对我做的从不厌倦，因为它很令人兴奋。这就是我，一个在拉面生态界的美国人，与各种人周旋，而这令人兴奋无比，又很有挑战。

煮拉面真的很难，就算我的盐味及酱油拉面都很美味，而且你说，“天啊！这是我吃过最好吃的酱油拉面，”下一个人也可能觉得很难吃。先从张罗油料、酱料以及汤料开始，就算你有最棒的面和最好的高汤，也可能两个放在一起就是不合，甚至有时你连为什么不合都不知道，就是口感不对，或汤汁吸附不到面上，我知道我得换掉或拿掉其中一个。

> 我相信如果你在纽约和厨师朋友一起出去，一定会聊到最近在做什么。但在东京完全不同，他们会改变话题，没有人会再谈起这件事。这是秘方。不会有人说出他们如何做出这些东西。

大卫：这里面有学问。

艾文：得一直不断尝试。我的意思是，做菜就是做菜，无论你做什么东西，做菜时就该保持敏锐，把一切想清楚。一定要绞尽脑汁，不能只把东西做出来就算数，有什么做什么，然后说：“我再也变不出来了，我尽力了，这就是我端上桌的东西。”这种做法只是玩票。如果你是专业人士，就要全力以赴。“要全心全意做好，而不是只把东西做出来而已。”抛开一切，再来一次。所以我一点也不厌倦，我必须把东西都想清楚，其实我还真的上过拉面学校。

大卫：真有这种事？

艾文：6天课程。我的意思是，如果你从没做过菜就去上拉面学校，我想你能做出好拉面的可能性几乎是零。但对我，至少我还知道什么是元酱（Moto Dare）。反而刚开始做的时候，最让我困惑的是，在美国不管我们去厨艺学校还是去餐厅工作，总是想着要如何把汤里的油脂捞出来，但在这里你得把油脂放回去。有段时间，这让我完全摸不着头绪——我就像，好吧，为什么你们要把油脂放回去？有些店还会直接把一大片或大块油脂放入面里。我就是觉得怪，花了我好长一段时间才适应。我坐在一堆又一堆食谱书前，读了“法国洗衣店”[1]出的餐厅食谱，读到奥古斯特·埃科菲[2]，又看了一堆愚蠢的料理小书；我的意思是，各式各样的料理书我都读了。

大卫：奥古斯特·埃科菲！你怎么这么傻。

艾文：我学到一大堆东西，决定自己做个Sofrito[3]，先把一种基本酱料做出来，基本原料就是洋葱、大蒜、姜和苹果。

---

1 “法国洗衣店”（The French Laundry）是美国三星名厨托马斯·凯勒（Thomas Keller）所开的餐厅。而《法国洗衣店餐厅食谱》是凯勒与美食作家迈可·鲁曼（Michael Ruhlman）以凯勒的烹饪理念配合餐厅菜单策划撰写的美食书。

2 奥古斯特·埃科菲（Auguste Escoffier），20世纪初的法国神厨，不但以厨艺提升法国高级料理的境界，且以分工系统作业规划饭店厨房流程，使现代餐饮得以成为企业行为，所著《料理指南》（Le Guide culinaire）留下5012道食谱，是奠定法国料理基础之书。

3 Sofrito，西班牙传统酱汁，是西红柿洋葱等提香料炒成的酱料，多做面类或海鲜饭的底酱。

大卫：所以你就做了一个金黄Sofrito。

艾文：是呀！我用一般的蔬菜油大概炖了7个小时，洋葱和苹果煮了4到5个小时。

大卫：我喜欢加苹果一起煮，它可以刺激味蕾，所以东西吃起来就有更多差异。

艾文：我也喜欢苹果，觉得放在Sofrito里很对味。

大卫：如果你问那些懂拉面的评审或仲裁大人，他们一定会说"不不不"。但他们也许做的事情也一样，只是语义和名词上的差异。

艾文：我相信如果你在纽约和厨师朋友一起出去，一定会聊到最近在做什么，"我做了一个超棒的酱料。"如果朋友们觉得这件事很有趣，他也许会进一步说清楚，让你知道他是怎么做的。但在东京完全不同，我和很多拉面名店的老板打交道，我们会一起喝啤酒，当我说："嗨，各位，我刚刚做出一个新东西。"瞬间大伙陷入一片静默，他们会改变话题，没有人再谈起这件事。这是秘方，不会有人说出他们如何做出这些东西的。反正我把Sofrito做出来，再用水和从日本各地来的三种盐调出基本盐汤，接着就是炼出个人专属的油。我从我熬的鸡汤里面得到鸡油，我都用很好的老鸡，大概要长到4年的老母鸡，熬出亮橘色丰厚油脂，且做出好多。

大卫：这里的鸡真好，我喜欢你用的鸡油。

艾文：我在面团里还放了黑麦，犹太人的东西我也加进去。你知道，在长岛长大的犹太小孩从小到大一辈子都在吃黑麦面包。没有人知道我偷偷喂他们吃犹太食物。

大卫：你的东西都是尽可能找到质量最高的食材。

艾文：对。开一家拉面店最悲惨的就是你有10美元的上限。有人告诉我："你知道……拉面很好吃，但是，你知道……价格实在很吓人。"

大卫：他们却很乐意买一盘24美元的意大利面，上面只是干面条配上罐头西红柿加上几片罗勒叶。为什么？快把我搞疯了。

艾文：我从别人那里听到一些鬼话，好比"拉面分量有点少"。我实在想说："听着，如果你想吃得像动物一样，就去动物住的地方吃吧！"我的意思是，如果你想吃真的食物，而且是某人下过苦功做出来的，那……

大卫：这里面是有学问的。

艾文：这不是垃圾食物，一点都不是垃圾食物。

大卫：这不是意大利面和肉丸。

艾文：对。对我而言，拉面就是精致美食的概念，开始的味道很淡，当你吃到最后，味道却变得更浓郁更实在，结束时会很满足。但是有很多拉面刚好相反，第一口吓人的咸味充斥在口中，吃到底部你都快渴死了。至少我就快渴死了。

大卫：你的面很好吃。我知道你知道这点，但我的意思是它真的很好，吃起来就像喝鸡汤，就像……

艾文：就像我说的，我偷偷喂大家吃犹太食物。

大卫：就像我在老牌熟食店2nd Avenue Deli[1]吃到的味道，你应该在纽约开一家店，这样人们就……我对"一风堂"[2]没什么意见啦，但大家都以为那就是世上最棒的拉面。但我从不觉得拉面有最棒或是最正统之类的事。但是，老兄，拉面有很多种，一风堂只是分布最广的连锁店。

艾文：你不觉得人们还不知道如何品尝拉面？这也是个问题，对吧？这是完全……

大卫：这是完全不同的……

艾文：完全不同的大麻烦。◆

1 2nd Avenue Deli，曼哈顿的熟食名店，早自1954年从戏院前小摊起家，专做犹太风味的咸牛肉、腌火腿等犹太美食。

2 日本拉面店"一风堂"2008年在纽约开设第一家海外分店，目前在全世界已有70多家分店。

日本各地顶级拉面巡礼

一碗拉面包含了4种元素：汤、酱[1]、面和配料。一般而言，拉面汤头是用猪、鸡、海鲜和蔬菜混合熬煮而成，每家店各有特色。虽然材料种类大多是猪和家禽，有些还会加入复杂的材料，有些做法更是从未公布的秘密。客人多半将拉面分为酱油[2]、味噌[3]、盐味[4]和豚骨拉面[5]几种。很多店家只对一种特别在行，在菜单里只简单写着"拉面"一项。这份指南详细介绍日本各地区拉面著名的基本特色。拉面在日本可说遍及全国，是日常享用的食物，对于无数的拉面品种，本文的介绍不过是九牛一毛。

① Tare（タレ）酱料：也有酱汁称为Kaeshi（返し）。酱料的味道强烈，盐分浓重，放在拉面底部。最普遍的tare是酱油tare，基本上是酱油和其他材料的浓缩酱料。酱料有酱油、味噌、盐味或其他，拉面的种类大致以此区分。

② Shôyu 酱油：虽是酱油，但微妙处不只是酱油。严格说起来，大多数的拉面都以酱油为底，但量的变化掌握了味道，让同一类别的样式变化无穷。

③ Miso 味噌：发酵豆酱，呈现深浅不一的棕色。味噌形成另一种拉面种类，虽然只有几个地区以味噌拉面为特色，很多店家仍提供自家制作的味噌当拉面的酱底。

④ Shio 盐：字面意义就是盐，基本上拉面若是盐味就不放酱油。盐味拉面颜色很淡，汤头基本是干燥海鲜、昆布和其他有大量鲜味的咸味食材。很多店家都提供盐味拉面，但只有函馆把它当成当地骄傲。

⑤ Tonkotsu 豚骨：猪骨做成的拉面汤。不像上面列出的各种类，豚骨拉面的名字和味道主要起自汤头，而不是酱料。

文字：内特·肖基（Nate Shockey）
收集资料：米兰达·瑞克（Miranda Rake）
强纳森·辛德莫斯（Jonathan Heindemause）
摄影：内特·肖基、马克·罗伯斯（Mark Roberts）以及新横滨拉面博物馆

1. 旭川拉面

旭川位于日本最北岛屿的中部山脚下，是北海道的第二大城，以动物园和味道浓厚的拉面传统闻名于世。旭川拉面独有的风格起于 1947 年的两个店家：蜂屋和青叶（蜂屋刚起步时是家冰淇淋店）。汤头是猪和鸡熬煮的高汤与海鲜汤的混合，味道浓郁复杂，以酱油为底。拉面上附着一层会烫伤嘴唇的油，这是一道隔绝层，让高汤在极寒月份里也不会冷掉。目前日本全国盛行的双拼汤头潮流，可追溯至旭川拉面的传统，这里也以每年夏天的拉面祭闻名。

- 味道：**酱油**
- 配料：**叉烧、大葱、竹笋、猪油**
- 知名店家：**青叶、蜂屋**

2. 札幌拉面

日本北部城市札幌是日本最知名的拉面旅游地点之一，以味噌拉面的发源地闻名。在二战前，札幌拉面店就占有一定比例，1955 年则创造出自己的拉面传说。当年在“味之三平”拉面店有位客人，要求主厨直接把面条倒在猪肉味噌汤里，新的经典因而诞生。札幌拉面自此演变成味道浓郁、油脂厚重的汤面，上面点缀着猪肉末、生姜、大蒜（传统上需以油锅加上味噌汤底、高汤、蔬菜煮成一锅，然后再舀到碗里）。到了 20 世纪 60 年代，札幌味噌拉面成为全国第一个风行的地区拉面，札幌也成为拉面圣地，到处都有集合十几家拉面店的“拉面巷”。

- 味道：**味噌**
- 配料：**叉烧、大葱、竹笋、豆芽菜、猪肉末、生姜、大蒜、奶油、玉米**
- 知名店家：**味之三平、すみれ、白桦山庄**

3. 函馆拉面

就像传到日本其他地区一样，拉面也是经由中国的小船传到函馆。传说函馆华人小区端上的标准汤头比横滨和东京盛行的酱油汤底更薄更清爽，但原因已不可考。结果，这个沿海的繁华小镇成为鸡—猪混合高汤的发源地，鸡与猪经过长时间慢火熬煮后，高汤呈现金黄颜色，口感温和。函馆是日本唯一声称盐味拉面是他们发明的城市，拉面形式也受到地区影响。配料多是标准配料，面条要煮到颇软，是在寒冬中吃来能抚慰人心的拉面。

- 味道：**盐味**
- 配料：**叉烧、大葱、竹笋、海苔、菠菜、鱼板**
- 知名店家：**ミス润、星龙轩**

4. 赤汤拉面

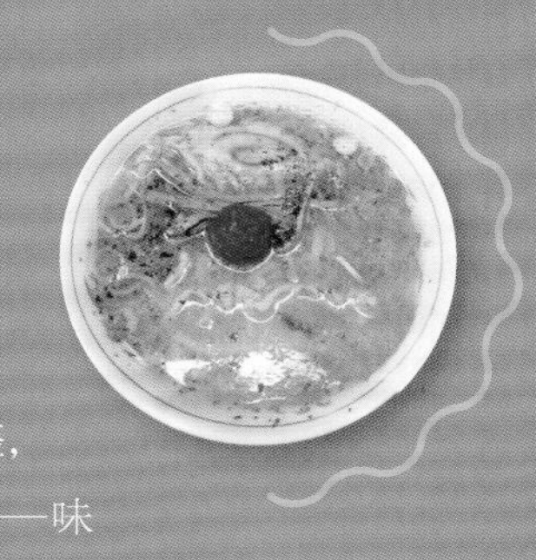

1960 年的某一天，龙上海拉面店的老板佐藤一美带了店里剩下的汤面回家与家人共享。他丢一坨味噌酱在汤里，经过一点调整，发明了日本最奇特的拉面形式——味道偏甜、口感温醇的拉面，上面放了红通通的味噌球，这

图例	汤头种类			面粗细 / 样式	
	猪	鸡	海鲜	细／直面 → 特粗／直面	细／卷面 → 特粗／卷面

团混合着辣椒、大蒜和味噌的辣酱会慢慢融化到汤里。如果一次放入嘴里，嘴巴会像龙一样喷火，这也是店名的由来。面条用的是粗卷有嚼劲的面，青海苔粉撒在面上，面条就如在海草下游泳。

◆ 味道：**味噌**
◆ 配料：**叉烧、大葱、竹笋、鱼板、蒜辣味噌酱、海苔粉**
◆ 知名店家：**龙上海**

5. 喜多方拉面

小镇喜多方自夸是全日本拉面与居民人口比最高的地方，约 300 名居民就有一家拉面店。当地闻名的还有居民吃清淡干净的酱油拉面当早餐，还发明用铁板把拉面煎成焦香硬壳夹着猪肉馅料的拉面汉堡。在这里点荞麦面，也许送上来的是拉面。而拉面维持极简风格，放最少配料，面条以手工切制，面身宽扁，带点卷曲；汤的分量多，让面更顺口 Q 弹。小镇与福岛核灾发生地相距不远，希望她能远离核灾的不良影响。

◆ 味道：**酱油**
◆ 配料：**叉烧、大葱、竹笋**
◆ 知名店家：**源来轩**

6. 白河拉面

就像日本很多城市，白河拉面的历史可追溯到战前，当时只有在中国餐馆和街边小摊才会供应拉面。在小摊打工的竹井和之学到挂面拉面的技术，之后就开了自己的店——とら食堂，是白河拉面开始成形的地方。尽管竹井崇拜战后搞笑喜剧《男人真命苦》主角寅次郎（とらさん）可以一手用瓶子煮面，却想让拉面精致化，提升为更清爽简单的汤头及手擀面条。就像大多数日本东北部地区的拉面风格，白河拉面的特色在于朴实的酱油汤头，取自当地丰富的矿泉水，产生朴实干净的味道，也让面条在咀嚼时更有弹性。

◆ 味道：**酱油**
◆ 配料：**叉烧、大葱、竹笋、鱼板、海苔、馄饨、菠菜**
◆ 知名店家：**とら食堂、火风鼎、すずき食堂**

7. 燕三条拉面

什么是生活在极冷温度和银器工厂闻名地区的人的心灵慰藉？是猪油、猪油和更多猪油。双子城燕三条宣称他们发明了日本最不寻常也最不健康的拉面形式。以猪大骨、鸡肉、沙丁鱼熬出浓郁汤头，加上一块近乎恶心的猪油膏，大量油花和生洋葱铺在面上，把十分粗扁的面条几乎全遮住。居民说盐分和热量对身体大有帮助，让整日辛勤铸造叉子和汤匙的身体得到充分补给。

◆ 味道：**酱油**
◆ 配料：**叉烧、竹笋、白洋葱丝、猪背油**
◆ 知名店家：**福来店、龙华亭、ら-めん润**

8. 东京拉面

如今东京是各种拉面形式和潮流的大本营，但是在数千店家中，仍有传统东京拉面存在。取材于百年前中国移民所带来的酱油汤头，东京酱油拉面的汤头以猪、鸡、蔬菜、昆布、柴鱼片和其他鱼干熬成，在卷曲面条上多半放着青葱、海苔、叉烧、笋丝等配菜。不管是与附近店家距离很远的大都会，还是只在深夜出现拉面摊吊牌上，怀旧的正统东京拉面已不复见。这种看似简单实则复杂于细微处的拉面风格，也许是世界各地无数饥饿拉面爱好者最能辨识的印象。

◆ 味道：**酱油**
◆ 配料：**叉烧、大葱、竹笋、鱼板、海苔、菠菜**
◆ 知名店家：**中华そば万福、春木屋、荣屋ミルクホール**

9. 东京沾面

过去10年间，拉面受欢迎的程度更大幅跳跃上涨，其中最明显的潮流是沾面的兴起。它与地方拉面的概念完全不同，在大口吸入前，是一碗什么都不加的面条，但要蘸上一碗不经稀释的海鲜酱汤。虽然沾面掀起拉面世界的风暴已是晚期，但它的历史可追溯到战后初期，是由已成传奇的“拉面之神”山岸一雄在东京大胜轩发明，他将汤与面分开提供客人享用。带甜、带辣、带酸的酱汤蘸上附着油香的面条，货真价实催生了成千上万的模仿者——大胜轩因此扬名立万，进入拉面的万神殿。

◆ 味道：**酱油**
◆ 配料：**叉烧、大葱、竹笋、鱼板**
◆ 知名店家：**大胜轩、哲、六厘舍**

10. 东京油面（日式干面）

字面意义是油面，但实际上是没有汤的面。日本油面不放汤，而是一碗现煮面条，上面加一点薄薄的浓缩酱料，客人可以随意加入醋、辣油和其他配料拌匀再吃。这看似后现代的小吃，实际上可追溯到20世纪50年代中期，在东京西郊聚集了一排店家开始供应这种没有汤的干面。到了近期，像Junk Garage和ぶぶか下了大赌注，开始在面上放一堆配菜，如生鸡蛋、麻油、辣椒、蒜末、干面碎，当然还有猪油，你如同含着一头野兽，它有点类似墨西哥烤干酪辣味玉米片，但同时也能让你心脏病发作。

◆ 味道：**酱油**
◆ 配料：**叉烧、大葱、竹笋、醋、辣油、麻油、生蛋黄、大蒜、猪油**
◆ 知名店家：**珍珍亭、ぶぶか**

11. 横滨家系拉面

多数拉面历史都可追溯到横滨。19世纪末，拉面随着中国商人抵达横滨而引入日本。今日横滨以家系拉面闻名，口感黏滑、味咸、油厚并以豚骨－酱油汤为底，1974年吉村家首先创出这样的风格。因此很多模仿者都以汉字“家”为名，以示对原创者的尊敬。点餐时，客人可以自己选择面条口感的软硬、油花的多寡，以及汤的咸度在多大程度上满足口感或保护血管。横滨也设有新横滨拉面博物馆，为拉面爱好者的必游景点。

◆ 味道：**豚骨酱油**
◆ 配料：**三张海苔、炖菠菜、大蒜、生姜、辣豆酱**
◆ 知名店家：**吉村家、六角家、武道家**

12. 台湾拉面

不要在名古屋寻找名古屋拉面，否则你会饿肚子回家。这城市最知名的面是棊子面（kishimen），是乌冬面的堂兄弟，只是样子比较平，比较塌。但名古屋也有自己的拉面传奇，名古屋声称它的台湾拉面是饕客最爱。台湾拉面由20世纪70年代开了味仙拉面店的台湾厨师所创，这位厨师想要让名古屋当地人尝尝家乡的味道，特别是朝思暮想的台湾担仔面。他重新构想担仔面的风味，并在面上铺了大把绞肉、韭菜、大葱、辣椒。20 世纪 80 年代日本流行辣椒减肥时，台湾拉面盛行一时，如今仍深受当地民众喜爱。名古屋丰田汽车总部的餐厅菜单上一定有这道台湾拉面。

◆ 味道：**酱油**
◆ 配料：**肉酱、韭菜、辣椒、大葱、大蒜**
◆ 知名店家：**味仙**

13. 京都拉面

基于京都的文化名气，你也许会期待京都将卑微的汤面改造成精致细腻的拉面。但日本古都的拉面有两种形式：あっさり系（Assari 系）是招牌的薄味拉面，こってり系（Kotteri 系）是浓重的鸡汤拉面，两者都属京都拉面。前者多是猪鸡混合汤头，以暗色酱油为底；而后者多是鸡汤熬成浓重粥状，上面放上辣豆酱、葱花、大蒜，加上当地九条葱的辛辣味。在当地众多学生族群中，是极受欢迎的拉面。

◆ 味道：**酱油**
◆ 配料：**あっさり系：叉烧、大葱、竹笋、海苔，有些店会加奶油 こってり系：叉烧、大葱、竹笋、九条葱、蒜末、辣豆酱、白胡椒**
◆ 知名店家：**あっさり系：新福菜馆；こってり系：天下一品、天天有**

14. 和歌山拉面

日本东部以清淡的酱油拉面为主，西部则是浓郁的豚骨拉面王国。和歌山快乐地介于中间，也就是两方交会的地方，因而成为中华面最知名地方。和歌山拉面是浓重的酱油（Tare）为底，加上由大堆猪骨长时间熬成的汤，面条是又长又细又结实的博多细条拉面，若要找在东京经常出现的粉红白花的鱼板，你大概不会失望。多数店家也提供 Hayazushi（早ずし），即关西传统寿司，做法是将醋渍青花鱼紧压到饭团上，再用叶子包起来。

◆ 味道：**豚骨酱油**
◆ 配料：**叉烧、大葱、竹笋、鱼板**
◆ 知名店家：**井出商店、丸三、丸高**

15. 德岛拉面

四国是日本四岛中最小的一个，她的拉面并不有名，乌冬面才是当地最有名的面。唯独德岛拉面广受赞誉，因为提供令人满足且层次复杂的酱油汤头。故事是这样的：资源丰富的德岛当地有很多火腿工厂，拉面汤头多半用这些工厂不要的猪大骨熬成，然后混合着特别浓重的陈年酱油，创造出与她隔海相望的表兄弟和歌山完全不同的拉面。加入几片切成薄片的五花肉，最重要的是加一颗生鸡蛋，就是一碗浓滑美味的料理。德岛拉面有时候会分为黑、黄、白三种汤色，在某些特定的店，汤头浓淡依次递减。

◆ 味道：**豚骨酱油**
◆ 配料：**大葱、猪五花肉、竹笋、豆芽、生鸡蛋**
◆ 知名店家：**いのたに、春阳轩**

16. 尾道拉面

二战后，尾道拉面发展出独特的风格。制作配方十分简单：鸡肉多、少量猪肉，加入一些当地海鲜料，但如果没有猪油及面上猪油膏的帮忙，尾道拉面就不能算是尾道拉面。汤头以酱油为底，多到快满出来的手打宽面卷曲弹牙。1988 年子弹列车在尾道设站，风闻有乘客下车只为吃一碗拉面。尾道最有名的拉面店是建于 1947 年的朱华园，对很多旅客来说是尾道必游圣殿。

◆ 味道：酱油
◆ 配料：叉烧、大葱、竹笋、猪背油
◆ 知名店家：朱华园

◆ 味道：豚骨
◆ 配料：叉烧、大葱、海苔、腌姜片、芝麻、辣芥菜、大蒜
◆ 知名店家：大炮、大龙

17. 博多拉面

博多拉面的爱好者都知道要找到好吃的拉面，最好的方法是跟着鼻子走。敲碎大骨在烈焰里熬煮多天，熬到骨髓流出那一刻，熬到原本腐臭腥气全数散去，换成滑腻顺口、色如奶油的汤头。坐在博多那珂川河畔的拉面摊吃面，醉醺醺的饕客可以追加面条（Kaedama，替玉[1]），一坨又细又未发胀的面条丢进你的碗里。博多拉面的真正粉丝会让面先在热水里泡一秒不到，然后在几乎是生的情况下把它们吸到肚里去。博多拉面（也叫作长滨拉面）最后的重点是桌边的配料，有芝麻、大蒜、腌姜片、辣芥菜，还有可以增加汤头的酱油。

◆ 味道：豚骨
◆ 配料：叉烧、大葱、海苔、腌姜片、大蒜、芥菜
◆ 知名店家：元祖长浜屋、一龙、一风堂

18. 久留米拉面

很少有城市如日本九州岛福冈县的久留米一般，在拉面历史上产生如此巨大的影响力。1937 年，宫本时男开了屋台拉面“南京千两”，从此豚骨拉面开始端上桌。10 年后，附近店家“三九”发生了幸运的意外，主厨无意间将一锅大骨汤不断以大火长时间熬煮，煮到乳白色的腥臭骨髓融入汤中，却变得超级美味。弥漫腥气的汤很快找到知音，久留米拉面传遍九州岛，成为南岛拉面的独特风格。它们有炸出来的猪油，还有大量融化的骨髓，桌上放着芝麻、姜片、大蒜，让久留米拉面的浓重香气扑鼻而来。

1 博多拉面面细，一次不能煮太多，食量大的话可再多买一份“附加面”。

19. 熊本拉面

豚骨拉面从诞生地久留米流传到熊本生根发芽，在这里又加入少许鸡汤。跟九州岛其他县市一样，熊本拉面用的是直面条，虽然比较粗，但比北方各地的面条软。除了标准配菜，熊本拉面还放有辣味腌芥菜、木耳丝、豆芽菜和高丽菜。熊本拉面之所以独特，让粉丝紧追不舍的特色在于重口味的大蒜。油花上不但浮着油炸大蒜酥，还加了蒜香麻油，也是用加了麻油放了大蒜炼出的油。如果你吃过遍及世界的连锁店味千拉面（Ajisen），你大概吃过这种改良版的熊本拉面。

◆ 味道：豚骨
◆ 配料：叉烧、大葱、海苔、木耳、高丽菜、蒜片、炸蒜油
◆ 知名店家：こだいこ、黑亭、桂花、こむらさき

20. 鹿儿岛拉面

鹿儿岛在日本南端，以酒、难懂的方言、造反精神和切羊肉的老者闻名于世。19 世纪时，她扮演结束封建幕府、建立现代日本的关键角色。事实证明，他们的拉面也是超越时代的。远在鹿儿岛黑豚大红之前，鹿儿岛的拉面师傅一直就用当地产的黑毛猪做拉面（就是在美国如雷贯耳的巴克夏猪 Berkshire），这是九州唯一不源自久留米的拉面。说起鹿儿岛拉面的特色，令人惊讶的是其汤头意外地温醇，猪、鸡、蔬菜加上褐变（焦烤）洋葱做的高汤，面条十分有咬劲，不是很粗就是很细，反映出来自冲绳和台湾的影响。

◆ 味道：豚骨酱油
◆ 配料：叉烧、大葱、豆芽、木耳
◆ 知名店家：のぼる屋、こむらさき、和田屋

SEVENTH WARD 第七区拉面 RAMEN

文字：约翰·艾吉
（John T. Edge）

作家们以不同方式证明文化对于料理的重要性：
（1）展现敬意的地方来自执意追寻食材的原始出处和寻找传统的烹调方式；
（2）与此料理起源相隔甚远的厨师展现创意，灵机一动调整料理呈现方式，或者来一点善意的改变，让此道料理成为自己的风格。

拉面爱好者投入热情寻找正宗拉面的记录有案可循，缺乏记录的则是拉面因适应众人而产生的变化。长久以来在坚强的劳动阶层传统下，一直在港区流行的 ya ka mein[1]，就是这种变化过程的例证。它出现在各种场合、各种时间，以各式拼法，我听过它被训作贫民河粉（ghetto pho）、下等捞面（low-rent lo mein），而在这篇文章交稿的同时，听到更多的是：第七区拉面——指奥尔良某一区，贴在街角外卖店外墙上的招牌，宣传着三巨头：Po'Boy 长汉堡[2]、炸鸡和 ya ka mein。

这道料理在新奥尔良也叫作 yak a meat、yatkamein 或 yakamay，通常以白色泡沫碗盛装，放上快满出来的意大利面，颜色是酱油西红柿酱色，汤头也是酱油西红柿酱味，中间夹着几块烤猪肉或烤牛肉，加上半颗白煮蛋及像茅草屋一样盖着随便切切的碎葱花，让人想起墨西哥的 Menudo 汤[3]。Menudo 通常在墨西哥社群贩卖，是大醉后的解酒汤。而 ya ka mein 是营养补充剂，站在街角来上一碗，就是大家都知道的醒酒汤（Old Sober）。

新奥尔良不是 ya ka mein 唯一的滩头堡。巴尔的摩有道菜叫作 yat gaw mein，也叫 yock a me 或 yock；弗吉尼亚州的港口城市诺福克（Norfolk）及纽波特纽斯（Newport News），当地人吃一道类似料理，叫作 yak。“大明花园”（Ming Garden）餐厅有 5 道 yak 料理列入菜单，并以品脱（Pint）或夸脱（Quart）计算分量，就像猪肉炒饭、鲜虾芙蓉蛋和炒什锦（Happy Family）一样。

更可能的是，ya ka mein 是一道发育不全的菜，在亚洲移民圈诞生却日渐被当地同化。在美国大片地区曾一度流行。在报纸数据库做快速新闻搜索，发现杂碎 Chop Suey）及 ya ka mein 曾是 1918 年得州圣安东尼奥某家小餐馆的特色菜。到了 1935 年，同样有家日本小餐馆供应芙蓉蛋和 ya ka mein，只是拼法变了，ya ka mein 以新式拼写及“芝加哥风格”做法出现。至于“芝加哥风格”，大家都知道那是什么意思。

1936 年，一个感恩节前的星期三，在艾奥瓦州艾姆斯（Ames）的彩虹咖啡馆（Rainbow Coffee Shop）贴出了节日特餐，广告上有搭配栗子酱汁的烤火鸡、淋上奶油酱汁的花椰菜和 ya ka mein。1965 年，弗吉尼亚州彼得斯堡（Petersburg）的姊妹点心店（Sisters Snack Shoppe）供应史密斯菲尔德火腿、炭烤肋排和 ya ka mein。

新奥尔良是个知道旧传统仍有剩余价值的城市，是少数让这道美食散发广泛吸引力的地方。当地传说各种故事，说 ya ka mein 如何来到这港口成为菜单里的一员。一说是有个参加过二战的老兵回来开了一家面店，带来了这道菜。另一个说法就比较合乎情理，这道菜诞生时间大约在 20 世纪初，当时爵士乐的摇篮斯特利维尔（Storyville）旁边就是现在已消失的新奥尔良中国城。

无论来源是什么，这道料理仍然十分重要。我发现有很多沿街设立的咖啡店和便利商店贩卖这种可以站着喝的泡

1 ya ka mein：在新奥尔良的中国餐馆流行的一种牛肉面，面汤是炖煮的牛肉汤，面上撒上熟鸡蛋与青洋葱。——编者注

2 Po' Boy，以法国面包夹馅料的长汉堡，如 Subway 潜艇堡。

3 Menudo 汤，墨西哥一种传统的汤，以牛肉内脏、肉汤和红咖喱做底，再加上一些洋葱、芫荽等香料。——编者注

MAN CHU N.Broad
CHINESE FOOD - PO BOYS - YAKAMEIN
FRIED CHICKEN
PH.821-8778
MAN CHU N.Broad
CHINESE FOOD - PO BOYS YAKAMEIN
SEAFOOD PLATES - FRIED CHICKEN PH.821-8778

摄影：帕布洛·约翰逊（Pableaux Johnson）

左页，顺时针由上到左：Ya ka mein 是新奥尔良“第二列食物”——以传统新奥尔良爵士音乐节中排在第二排的游行乐队来比喻。招牌上写着的 ya ka mein，也称为 ghetto pho 和 low-rent lo mein，出现在新奥尔良及其他港口城市。

> 当地传说各种故事，
> 说 ya ka mein 如何来到这港口
> 成为菜单的选项。
> 一说是有个参加过二战的老兵
> 回来开了一家面店，
> 带来了这道菜。

沫碗装 ya ka mein，广受欢迎。到了新奥尔良西岸的格雷特纳（Gretna），The Real Pie Man 餐厅有卖小龙虾面包、蟹爪秋葵海鲜汤，以及加了猪背骨和咸味酒的 yak e mein。“这吃起来就像药！”一位身穿桃红色套装的女士如此说，我和她一起排队。“如果你需要它，这是一道完美的料理，但如果你不需要它，那就免了吧。”

在 Man Chu 这家小店，就是开在北布罗德街，屋主是越南人，房子没有电梯，外墙粉红色，长得有点像假茅屋的那家，卖的 ya ka mein 装在泡沫杯里，泡着所有食材，外加几块居然会出现的午餐肉。一位头上戴着软呢宽边绅士帽的老乡客人告诉我：“这家放的西红柿酱分量正好。颜色对了，味道就对了！”

“他们说鸡汤才能填饱你，但 ya ka mein 也能。”在年度爵士传统音乐节摆摊卖 ya ka mein 的玲达·葛林这样说，她的 ya ka mein 获得全城一致好评。“它可以帮你身体从内部对抗正在攻击你身体的东西。”当我们说话时，玲达正把一组泡沫杯装 ya ka mein 放上她的小货车。她准备在“第二列游行”[1] 中一站一站停下，在挡泥板后头贩卖。“我不太清楚这是从哪来的，”她告诉我，“但他们在我的货车旁排队等着买。”◆

1 The Second Line Parade，新奥尔良当地传统爵士游行。游行时，铜管乐队站在第一排，乐团及人们跟在第二列，疯狂跟着第一列的音乐跳舞，这是第二列游行。

场景：在西班牙圣塞巴斯蒂安（San Sebastián）的 Café de la Concha 咖啡馆，大卫·张、安东尼·波登和威利·杜凡尼[1] 三人围着一张桌子在说话，当时是 1 月份的晚上，屋外风暴肆虐。一场美食研讨会让他们聚集在这小镇上，此刻是休息时间。这三个美国人喝着苹果酒、配着西班牙小点心 pintxos（巴斯克语），在大卫·张的请求下，聊起了远在家乡的“平庸问题”。

什么是平庸？

在我发展事业的早期阶段，我以为自己是天才，但其实也没多天才。嗯，应该是……我有理由相信这点，倒不是相信自己是天才，而是有理由相信我可以变成天才。因为你知道，20 世纪 80 年代没什么人做这行。我和我朋友，我是说，我们懂很多在那个时代大多数主厨都不懂的法文。应该这样说吧，我们的自信心放错地方了。

那为什么美国人会接受平庸的食物？

为什么每个人都想从卡夫（Kraft）食品之类的罐子里摇出帕玛森奶酪？那些东西甚至连平庸都谈不上，还是那些就是平庸物的代表。

大卫·张

你在自问自答。你比谁都知道答案。你要做个讨人厌的混蛋，渴望做得比平庸更好。大家想要平庸的东西！把小罐子里的帕玛森奶酪买回家，只因为那是他们想要的。如果你给他们真货，他们还认不出来呢！你说不定还因此被骂。

我也是这么想的，有时还会拿来开玩笑——就像今年夏天你过生日那次。威利和你的手下帮你做了家庭餐。我就跟威利说，威利啊！如果你把这些东西拿去卖，订位大概要排一年，喔，还不止一年。威利他们想走中间路线，但弄出来却是顶级的。

我又回到老问题——

你们这群人干吗这么努力工作？

1 威利·杜凡尼（Wylie Dufresne），法国名厨 Jean-Georges Vongerichten 的入室弟子，纽约新潮餐厅 wd~50 的主厨，美国分子厨艺的代表人物。

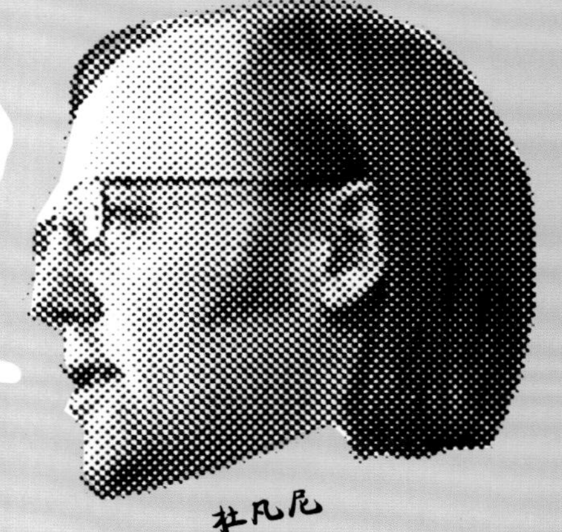

我对中间路线已经厌烦，

它已引不起我的兴趣。只是……在有些点上要加强一下。原来的并没有错，但我就是不能日复一日这样做了。

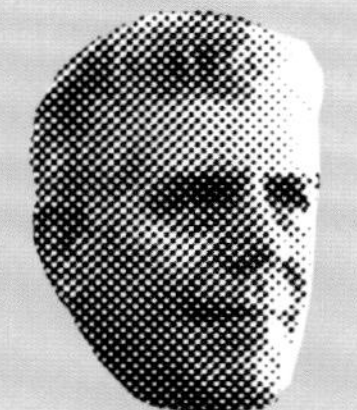

对你，只好拿运动术语来比喻了。

如果我要做个平庸之辈，我要当棒球中间几局的救援投手，没压力，然后还可以投到大概……45 岁吧！还可以每年赚个 300 万美元。

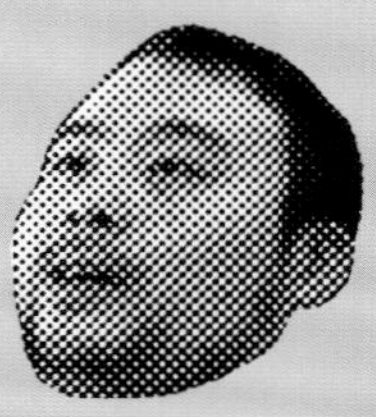

你看，我宁愿击出全垒打。

那你觉得平庸的定义是什么？

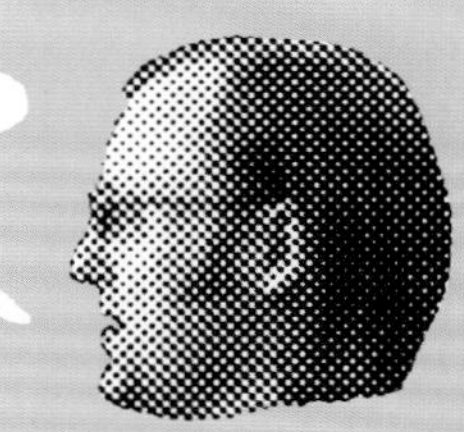

我想我对平庸的定义就是，不敢抓住机会的人们。

他们觉得待在中间比较舒服。

我同意。

嗯……就像我可以买卡夫出的帕玛森奶酪摇摇罐，也可以买一大轮的奶酪之王陈年帕玛森。他们要么不想冒险花大钱，因为那可是好大一笔钱；要么就不想冒险学新东西，学新事物是要冒险的。我想大多数人宁愿做壁花[1]也不想冒险。

那你冒了什么险？是被拒绝还是失败？

对，我想那就是美国为何是平庸之王的原因。

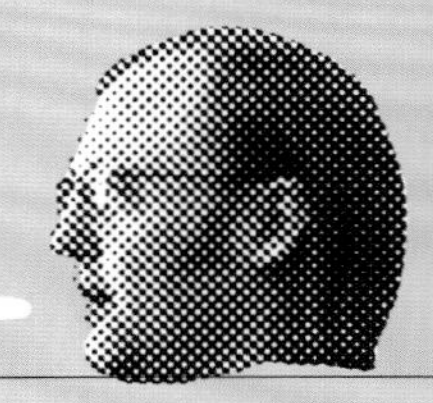

我们没有奖励烹饪领域冒险者的历史。

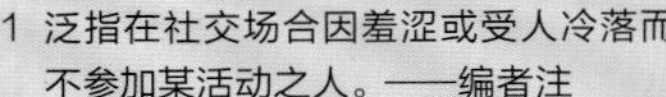

1 泛指在社交场合因羞涩或受人冷落而不参加某活动之人。——编者注

对话继续

波登：不，他们被一巴掌打死了。餐厅事业有绝对准则，一入门就开始要求，他们刚起跑就要他们妥协。包括食物成本、劳工成本及一切都要根据准则。传统智慧告诉你，用其他方法经营餐厅都是疯狂的。就算你什么都做对了，股东也会反对你；如果你试图创新，只有老天保佑了。我才不管你做了什么创新的努力，创新就是大冒险。但我很好奇，有什么平庸的例子是你无法忍受的？

大卫：你看看现在开张的餐厅，开来开去都是意式的。这就是意式平庸。我们就别冒险了。现在经济差，如果不是意式餐厅，就会被归到食物梅森－狄克森线[1]的南方去了。

波登：看吧，这种会把我气到冒烟的平庸之道，就是很烂的意式餐厅。所以我还蛮开心在纽约看到很多真正优秀的意式餐厅……

杜凡尼：你很开心看到同类型？因为那是现在正发生的事。

波登：喔，每当你听到……

杜凡尼：同类型……

波登：每当一群认真的人做出真正的好东西……

杜凡尼：令人叹为观止的同类型……

波登：让一群傻蛋瞎搅和。听着，我知道你在说什么，但我很开心可以从几个真正好的店家当中做选择……

杜凡尼：他们都是一样的东西啊！

波登：那经典的意大利菜呢？

杜凡尼：没有啦……只是……

波登：我的意思是……以前没得选！

杜凡尼：一样的东西这想法有个地方错得离谱，至于意大利菜就没什么问题。

大卫：你到处都吃得到。

杜凡尼：问题就在这里。

波登：这是"食材导向"的料理。而且有很多人一起做……

杜凡尼："食材导向"料理？

波登：好。意思是拿三到四样不错、很棒的食材，然后越少处理越好……

杜凡尼：这也叫烹饪？

波登：对！只是不是过度……

杜凡尼：我们在讨论烹饪。取得好食材来煮才叫烹饪。你疯了吗！

波登：我是说……喔……

杜凡尼：谁会说："我有些烂食材，我们把它煮了吃吧！"大家都想要好食材啊！"食材导向"并不是一切。这就是好厨艺的意义。

波登：对我来说，有人懂得……

杜凡尼：买菜？你在说什么啊……

波登：对，就是买菜……

杜凡尼：然后呢……

波登：我不敢相信我居然说出这种艾丽丝·沃特斯[2]才会说的话，我就是这样搞砸的，对吧？

杜凡尼：而且还穿着羊毛衣。

波登：看吧，我受不了的是有些人乱搞西红柿意大利面。

杜凡尼：你在支持这个论点。

波登：听着，我……

---

1 梅森－狄克森线（Mason- Dixon Line），现今宾夕法尼亚州和马里兰州的边界，也是南北战争时，南方和北方的分界。
2 艾丽丝·沃特斯（Alice Waters，1944—），Chez Panisse 餐厅的主厨，有机食品的创始人，启动小农有机耕作，带动全球有机风潮。

“食材导向”的料理？什么玩意啊？

大卫：你们对我真好。

波登：有时我出去吃饭，根本不想思考！我不要花脑筋想。我只想坐下来吃个脆皮面包，吃个做得不错的意大利面，我只想要做得不错的意大利面，让我好好吃一顿，就让我很快乐。80% 我们想得到的意大利餐馆都是这样的，希望他们不要觉得困扰。

杜凡尼：你鼓励这种事根本没有帮助。

波登：我并不是想要……

大卫：你不思考，但你又鼓励人……

波登：不、不，有时我是不想思考。是有时候。我喜欢有几家好的意大利餐馆可以选择，而不是一家都没有或只有一家。我的意思就是这样，我不是说这种情况很好。

杜凡尼：嗯，不对，我不懂为什么有上千家店走中间路线是 OK 的。

波登：因为期望别人的卵蛋跟你的一样大是不合理的。

杜凡尼：这跟我没关系……

波登：我是说，你挑战大众……

杜凡尼：大家都是中庸路线的冠军。

大卫：你对意大利菜的特殊感情把它们推向中庸路线……

波登：我娶了意大利人好吗？

杜凡尼：你刚不是说“市场导向”。你的话里不是用了这词？

波登：好好好，汉堡这玩意又怎么说？这是美国越来越低能的更好范例。很多有才能的主厨故意走中间路线。为什么？因为有钱啊！如果做有创意的高档食物算是勇气十足，那么做汉堡或牛排之类的就是降格了吧！再说，你难道不喜欢钱？

大卫：就是钱。

杜凡尼：我不知道。我没有太多钱。

大卫：如果我可以开一家 Shake Shack[1] 或 In-N-Out[2]……

杜凡尼：可以借我一点吗？

波登：你不会开心的……

大卫：有快餐业找过我，我拒绝了。我可能会后悔一辈子。

波登：会不会有一天，你知道的，拉面这东西开始起飞……

大卫：不可能。

波登：那为什么拉面可以，意大利面就不可以？

---

1 Shake Shack：纽约的一家快餐连锁店。——编者注

2 美国西海岸的一家快餐连锁店。——编者注

大卫：种族偏见。就因为我是少数族群，我就不可以有种族偏见？

杜凡尼：改变比例就可以做饼干，他在从事饼干事业。

波登：我一直谈意大利面，因为当你们讨论平庸，这是战场，成王败寇。

杜凡尼：我不认为真正好的意大利面在走中间路线。把豆荚放在橄榄油里拌一拌，再刨一点帕玛森奶酪撒在上面，人们就会疯狂着迷，简直狗屁！这些就是困扰我的东西。

波登：噢，是啦。

杜凡尼：中间路线在某些地方坐大，就像……真的就像……

大卫：说名字吧……别这么孬种。

杜凡尼：一整个区都这样做菜。

大卫：你在说布鲁克林吗？说出来！

杜凡尼：我的意思是，那对我来说是罪恶。什么"农场直送餐桌"（farm to table）的鬼话……拜托。有点太过了。已经太饱和了。你说汉堡的市场已经饱和，我告诉你，不管从谁那里买个好汉堡，都比什么"农场直送餐桌"的东西好。我宁愿吃汉堡。

波登：喔！你干吗这么生气？我是说，这是我的工作，憎恶这些市场上的混蛋、嬉皮和什么"农场直送餐桌"的家伙。

杜凡尼：我对嬉皮没有意见。

波登：真的？我有。我讨厌嬉皮。喔，老天，你们都不喜欢 The Dead 乐队，对吧？拜托别跟我说，噢，老兄，这下我们真的要争论不休了。

杜凡尼：但我没有粉蓝色毛衣。

波登：这毛衣是我妈买给我的。

杜凡尼：我不相信。

波登：等着瞧吧。你会穿得美美暖暖的，然后你的乳头会变得超硬，让你立刻把穿在身上的玩意脱掉。

大卫：等等，你们要把"农场直送餐桌"这事也放入平庸的领域？

杜凡尼：我没有要把这事放到……

大卫：你在逃避，以免麻烦上身。你不想说出名字，不想把市区的名字说出来……

杜凡尼：我是说，我已经招惹很多麻烦了。但我没有把"农场直送餐桌"和平庸这件事相提并论。我只是说，平庸存在于某种层级的餐厅厨房，特别是纽约市，而"农场直送餐桌"就是这种平庸的象征。

波登：“农场直送餐桌”的意思再明白不过，就是——套用一下那可怕的词汇“食材导向”，而不是“主厨创造力导向”或是“厨艺导向”。这句话是说，最重要的事是：东西从哪里来？怎么长的？谁种的？而不是你怎么处理的？这句话只是拍拍你的背，赞扬农场直运的食物居然出现在桌上。

杜凡尼：但这不是烹饪。我们讨论的主题是烹饪。我们是厨子，烹饪就是我们的责任。事实上，我们讨论的是食材，而不是人们如何处理食材。这是错误的，该做点事矫正它。以表示我们有技术，有些牛排肉很硬——如果你煮得好，切法正确，它们就不硬了，反而变得轻盈。但这件事牵涉了人的元素——你要如何处理它，你要做什么？你要如何对付？这就是你提升它的方法。只把苹果从树上摘下来？拜托！

波登：哇！

杜凡尼：来吧！对它做些什么吧。烹饪是技术，也是一门手艺，牵涉到很多步骤。我才不管牛肉牵扯到什么文化议题，是意大利式还是什么。真正困扰我的是对话从食物的处理偏离正道的时候。因为我认为当你出门去一家好餐厅吃饭时，你有权利假定这个人已经找到好食材，所以食材的问题可以不必讨论了。在某种层级的餐厅，所有食材一定是好的，一定是有人自己种的，或是怎样费力才得到的，诸如此类，说这些有点岔题。但在某些层级，每个人都会采用高质量的食材。我们为什么不说说这些人如何处置这些食材？

波登：嗯，你不觉得外面有些人在做上帝的工作？有一群，有一些人。我们在这里说的到底是谁呢？

杜凡尼：我认为外面有很多优秀主厨，其中不乏做意大利菜的。但我认为让“平庸化”（Mediocritizing）持续进行的地方在于讨论食材而不是讨论食物。

大卫：你在造字，还是真有“平庸化”这个字？

杜凡尼：我造的。

大卫：听起来真不赖，就像“策略行为”（Strategery）。

杜凡尼：我们应该鼓励大家做菜。我是说，你最喜欢在哪里吃寿司？

波登：你说在纽约？还是其他地方？（静默）东京的次郎[1]。

杜凡尼：对嘛！就因为他会做你所吃过最棒的米饭。这就是烹饪。

波登：他连下锅的米都特别要求人种给他。对，他做的米饭是我吃过最好吃的。

杜凡尼：对。不是因为他知道哪个家伙能捉到出水后最棒的鱼，而是他会煮最好的饭。这跟农渔产品无关，而是跟烹饪有关。

波登：这是对寿司最大的误解。喔，它一定要很新鲜，但新鲜绝不是全部。而是他的处理手法和他的刀工。

杜凡尼：嗯，他会煮出最棒的饭，所以他是最棒的师傅。

波登：你们知道安田最近在做什么吧？有没有听到他在做的事？我才跟他聊过天，他要开一家熟食摊，跑去筑地市场干活，在打扫什么的，好像有点眉目，要运营了。

大卫：他就是号人物，我爱这家伙。如果你问他，他已厌倦美国，厌倦当烂厨师，厌倦在他手下做事的师傅才做一年就要自己出去开一家寿司店。他厌倦所有烂事儿。

波登：他想知道，如果回去在该死的东京开家寿司店会如何？让他们看看江户寿司的新招数，太棒了。

1 “寿司之神”小野二郎的寿司店“数寄屋桥次郎”。

大卫：他已经 67 岁了吧！还超级硬朗。

波登：他仍然秉持一贯的风格，经典的压抑类型、经典的料理。我们可不是在说平庸，甚至也不是在说必要的创造力，而是在讲做对的事。

大卫：只做对的事。

波登：当一些大型、老派、三星级的连锁好餐厅都不再受到欢迎时，该怎么办？你会去哪里找后援？去哪里找厨师？

大卫：日本。

杜凡尼：伦敦。

大卫：伦敦和日本。伦敦永远不会是一周 40 小时工时。日本永远不会有工会或一周 40 小时工时。

杜凡尼：我说，这也是平庸的部分议题。当然。政府鼓励平庸。我的意思是一周 40 小时工时，拜托，我们做的是技艺，是门生意……

波登：喔，最大的反对者会是法国人。

大卫：是啊！他们全都反对。

杜凡尼：就算所有人都反对，也不该是他们。他们想表现得好像烹饪是他们带到世上的，但他们只带来一周 35 工时。

波登：比尔·盖茨几年前做过一个演讲。据我了解，他好像这么说："我很遗憾地告诉你们，你们的小孩都太笨、太不够格替我工作了，我现在正从中国和印度招募一大群人，因为他们才是我需要的人。"我们是不是在讲这档事？

杜凡尼：我是说，你要付某些人一倍半的工资去修改错误——他们自己犯的错误。真是疯了。你搞砸的，就得自己收拾。

波登：这是在你厨房发生的事吗？

杜凡尼：不，我的人都很棒。我在说我们政府规定的模式很……

大卫：这样才会有温柔的厨师。做个餐饮界的韦恩·克莱贝特（Wayne Chrebet）有什么错？

波登：谁是克莱贝特？他是谁？

杜凡尼：克莱贝特一点错都没有。

大卫：克莱贝特是美式橄榄球联盟纽约喷射机队（New York Jets）的接待员，大家都爱他。他很慢，但打球很卖力，努力做到最好。他没有天生的才能和粗壮体格，但他非常成功，只因为他的企图心比谁都强。这就是喷射机球迷爱死他的原因。

波登：噢，那他现在在哪里？是不是和很多女人在一起，享受温存？

大卫：我不知道。

波登：你们这些人很浪漫，这就是你们想说的。

杜凡尼：你喜欢努力工作？拜托，别撒谎了。

波登：我喜欢，我非常卖力。但你知道，就是电视和书。我是说，我现在都坐着。

杜凡尼：你喜欢待在厨房。

波登：我更喜欢现在这样。

杜凡尼：但你待在厨房时很喜欢吧。

波登：我喜欢在厨房工作后坐在酒吧，听听别人说我做得很好。我喜欢回家时，内心知道我就是这么的棒。在端出 300 次大餐而没有一次被人端回来，我就知道自己在这个世界的位置。你听到订位专线在响，服务生也高兴，其他厨师附和："干得好，头儿。"是啊，没什么比得上这个了。

杜凡尼：你在工作中找到快乐。

你们这些人很浪漫，这就是你们想说的。

波登：是啊，但那是旅行者的工作。我是说，感觉固然很好，但我不认为自己在职业生涯的每个时刻都被认为在烹饪这行很出色。

杜凡尼：这不是我们讨论的东西。我们在说人们已经不喜欢被磨炼了。

波登：你们不是在说追求卓越？这是你们正在谈论的东西。

杜凡尼：不，我宁愿找个能吃苦的。

大卫：我宁愿找个能吃苦的……

波登：你们只在说努力工作这件事？

杜凡尼：对。

大卫：给我十个韦恩·克莱贝特。这就是我要的。

杜凡尼：每个人都想要。

波登：所以你们不是在聊天才，不是在说追求卓越的驱力……

杜凡尼：我认为只有能吃苦的人才有追求卓越的驱力。我也需要一个会动脑的人。

大卫：他想要个会动脑的。我只想要人们有疯狂的想法。给我这种人，我的团队会把你的团队从美式橄榄球场上踢下去。

杜凡尼：这我就不知道了。

大卫：垒球也是。

杜凡尼：根据记录，大卫·张的垒球队是世界上最烂的垒球队。跟你的垒球队相比，连电影《少棒闯天下》（*The Bad News Bears*）的少年杂牌军都会变成旧金山巨人队。

大卫：让我说清楚……

杜凡尼：抱歉，我可是内行的。我们就别再扯垒球了。你的队伍第一季有赢球吗？

大卫：我们赢了。

杜凡尼：我是说你的第一季？

大卫：没有，但是……

波登：那些从餐饮学校不断滚出来的孩子们又会怎么说呢？每个人身上还背着8万美元的贷款。他们完全被放弃了。

大卫：我们才是他们的问题。对他们而言，我们好像是某种催化剂。

波登：我们是激励这群孩子的一代，是我们让他们去念厨艺学校的。

大卫：可以不去厨艺学校就能达到像你这样的成就吗？

杜凡尼：当然，我可以。我还去上大学。

大卫：念厨艺学校的孩子，有多少比例真正进入实战厨房工作，真正对料理界有贡献？像米其林二星餐厅、一星餐厅的真正厨房。一个都没有。

波登：兄弟，这就是黑暗世界的景象。我今天才跟一个孩子说过话，她来找我，对我说，你5年前来过美国厨艺学院在毕业典礼上演讲。我从没印象见过这个人，但她问我："出了学校后我该做什么？"我说，去做我过去没做过的。实际上大家都知道你赚不到一点钱，在工作前两年都没有薪水，还得在最厉害的人手下做事。我说去西班牙，找个像Mugaritz的餐厅工作。结果她说，她现在就在Mugaritz。拜托，老兄，这可是个惊人的开始。

大卫：如果不告诉她，说不定就……

波登：千万不要。我的重点是，真的有一群从厨艺学校出来的人，也许只是很少很少数人，但也许比我那个时代的人数比例多一点。这群人并不认为希尔顿是梦幻秀场，眼光也不在游轮或乡村俱乐部，也了解如果他们想要成为顶尖的真正好手，必须从Mugaritz或Arzak这种地方开始。

杜凡尼：我不同意。不幸的是，我认为比起以前，现在从一般厨艺学校毕业的人大都是被平庸化的人。因为在一定程度上，学校卖给这群人的都是空有好处的传单："来厨艺学校学习，完成我们的学程，只要6到7个月你就可以成为这个大厨、那个大厨。"而不是这样告诉他们："来喔，来我们学校学习，你学到的绝对只是最基本的，所以当你进入真实世界，只能赚个一文两文过活。"但这才是实话。

波登：曾有人告诉我们，如果我们埋头苦干，也许可以去弗吉尼亚的某个地方？喔，绿蔷薇大饭店（The Greenbrier），这里是最高境界，是神殿中的神殿，好吗？如果你每件事都做对了，也听主厨的话，学到怎么替食物上釉光，你就可以在绿蔷薇大饭店的甜点秀场上终老，更好的是在新泽西的豪华庄园饭店（The Manor）做一辈子。

杜凡尼：嗯，现今的状况是"在电视上做一辈子"。

波登：这倒是。所以我们都是问题的一部分。

大卫：我们是问题所在。

波登：我们在摧毁我们所爱。

杜凡尼：你比我严重，但……

波登：我可不知道，老兄。每次我打开电视，你就在上面。

大卫：我们现在就在拍摄……

杜凡尼：我认为人才储备太弱，但我的人有本事可以走进纽约任何一家餐厅服务，我也绝对抬得起头挺得起胸。你们有办法这样说你们的手下吗？

大卫：我不会这样说任何人的手下。

杜凡尼：要不要来一天交换看看。我把我的手下送到你那里做事，你把你的送来我这里？

波登：喔，主题秀！

大卫：我不想让你的手下哭着回去。

波登：这听起来像是给我的圣诞特别节目。

大卫：你输定了，混蛋。

人类是爱面一族

泡面之父安藤百福发明泡面的故事

文字：凯伦·莱波维兹（Karen Leibowitz）
安藤百福肖像：莉塞儿·艾希拉克（Lisel Ashlock）

MANKIND IS NOODLEKIND

过去 100 年间，日本带给全世界许多重要发明，
像是随身听、子弹列车、数字摄影机、节能车、卡拉 OK。
但在 2000 年 12 月进行的问卷调查中，
日本人选了泡面作为日本在 20 世纪最伟大的发明。

在泡面发明者安藤百福的心中，似乎并没有这种野心。泡面也许只是微不足道的消费品，却帮助百万人度过经济萧条和自然灾难，就不能不说是值得一提的功劳。日本“3·11”海啸及核灾事件后，泡面喂饱了上万流离失所的人民，安藤的遗产再一次证明它的重要性。

1945 年 8 月 16 日，日本向盟军投降的隔日，安藤在家乡大阪[1]行色匆匆，观察大阪历经多年战事受到的伤害。虽然大阪在广岛和长崎遭逢原子弹后幸免于难，但一样满目疮痍。空袭摧毁了安藤的工厂及两座大楼，让他不得不寻找新路。行走间，他忽然发现一群人聚集在火车站后方的断壁残垣中，排排站在临时搭建的拉面摊前等着来碗拉面果腹。安藤想：“难道大家宁愿受苦只为求得一碗拉面吗？”事实证明，一碗汤面已是普世的食物慰藉，日本人更在拉面中寻得安慰。

第二次世界大战过后好几年，粮食短缺问题仍然困扰日本许久。安藤认为饥饿是他这个时代最迫切的课题，他相信：“当人们都有的吃，世界和平的日子就会到了。”安藤立志帮忙日本喂养全部人民。

他显然并不称职；战后他出任信用合作社的董事。1957 年合作社倒闭，安藤去职，扛下填补国家粮仓的重大任务[2]。

一开始，他替完美战后食物订出一套准则。这种食物必须：

- 口味好吃
- 容易保存
- 3 分钟即食
- 价钱便宜
- 安全健康

1 安藤百福是不折不扣的台湾人，他原名吴百福，1910 年生于台湾嘉义，22 岁时靠父亲遗产在迪化街开袜子店，因为进出口生意才与大阪密切往来。1933 年将重心全部移往大阪。

2 安藤战后以民生事业为重心，于 1948 年成立“中交总社”（日清食品的前身），卖鱼、制盐且承接官办民营事业，以美援小麦做面包，但他认为面包无法进入日本饮食文化，应用小麦做拉面才对，因此向信用合作社借款扩张，且入主董事，1957 年合作社倒闭，安藤几乎赔光公司及所有资产。

安藤记得10年前亲眼见到人们对拉面的需求，因此在国家工业化日益发展的时刻，他致力于做出可大量生产、使忙碌工人大为满足的泡面。

一年过去，保存拉面的尝试并没有成功，脱水面条的质地令人不敢恭维。故事继续发展，有一天他把面条丢到太太为了晚餐热好的天妇罗炸油里，才发现油炸不仅让面条脱水，也会创造让面体更快煮好的细小孔洞。泡面就此诞生。

安藤百福以48岁年纪开启了他第三段也是最后一段的事业——“泡面之父”。“很惭愧，我这才了解我所有的失败，就像是增强体魄的肌肉。”安藤之后如是说道。他的信用合作社倒闭，他感到极大的羞辱，而拉面就像是某种救赎，让他以近乎宗教的热情推广产品，仿佛加入喂养世界的十字军，要用拉面结束饥饿。

安藤的首项产品“鸡味泡面”在1958年上市，一开始被日本人民视为奢侈品，成本比本地拉面店做的新鲜拉面还要高一点。但消费者很快接受在家泡面的方便性。销售成绩逐渐起飞，泡面成为日本国民主食，其他公司也争相加入市场[1]。

安藤接下来看的是国际市场，无畏于美国消费者对拉面，甚或对筷子的全然无知。安藤豪气地说：“让他们用叉子吃！”

1966年，安藤到美国开拓市场，有了另一个更棒的想法。传说安藤只在洛杉矶的超级市场展售商品，观察到消费者竟然把装咖啡的泡沫质龙杯再利用，当作拉面的杯碗。出于好奇，安藤替新产品复制了临时容器，这项发明就耗费了5年时间。1971年日清杯面问世，立刻造成轰动：安藤的公司“日清食品株式会社”卖出了超过20亿碗泡面，泡面装在耐热容器里——还有什么会比它更方便？

1 方便面很快受到欢迎，自1958年到1966年日本市场上竟有多达360家泡面业者。

拉面发展大事记

文字：凯伦·莱波维兹

插画：史考特·坦普林（Scott Teplin）

公元前2000年：面条的发明。在中国黄河流域发现的面条化石，显示最早的面体出现在新石器时代晚期。科学家推测当时的面是由小米和黍制成。

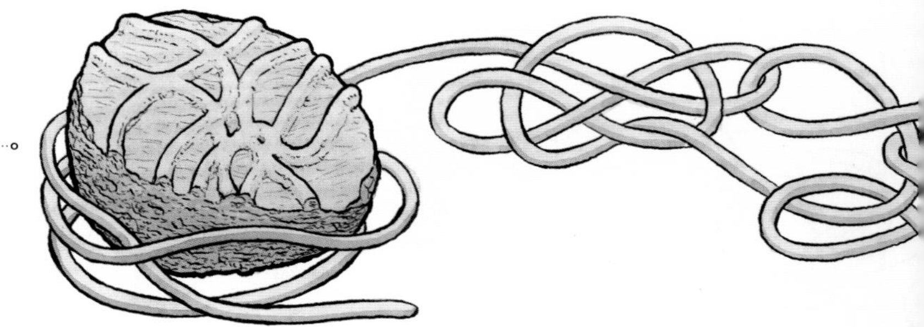

那就是“太空面”。安藤开发出“太空面”，一种真空包装的泡面，2005 年专门为“探险号”航天飞机的日籍航天员野口聪一的旅程而做。让太空面在零重力的环境下仍能享用。太空面以浓厚的汤汁防止面条解体，为了没有开水可以煮面也改用较小的面条。2007 年安藤逝世时，野口在挤满哀悼者的棒球场发表悼念文，球场中还包括两位日本前首相，其中一位还称赞他是“战后日本值得骄傲的饮食文化创造者”。安藤百福将泡面变成国家象征，泡面则让安藤百福变成国家英雄。

正如现代日本崛起的过程，安藤也从二战的悲剧中变成经济强权。身为“日清食品”的负责人，安藤从个人兴趣出发，将自己的企业发展为跨国公司——到如今每年销售净额达 3 亿多美元的企业。

去世的前一天，安藤到大阪的日清工厂发表新年祝词，这是他每年必做之事，即使他已经在 2005 年 95 岁那年正式退休。这么多年以来，新年祝词已成安藤阐明拉面想法的演讲，也逐渐发展为影响广泛、激励人心的哲学（集结而成的《安藤百福嘉言录》后来分送给参加葬礼的 6500 位宾客）。安藤认为，“对人性最大的误解，就是

泡面终究成为全世界的营养象征。安藤想要设计出能在艰困时期维持人类生命的食物，在这个意义上，泡面确实成效惊人。

相信一切欲望都能达到且毫无限制。”安藤敏锐地意识到攸关人类欲望的资源是有限的。而在饮食界，这意味着营养优劣的差别十分细微。泡面也许吃起来味道无法与新鲜拉面一模一样，但它喂养了全世界，难道不是一种成就吗？

泡面终究成为全世界的营养象征。安藤想要设计出能在艰难困苦时期维持人类生命的食物，在这个意义上，泡面确实成效惊人。截至 2008 年，全球每年的泡面销量达 94 亿包——平均每人吃掉 1.4 碗泡面。在现代世界，泡面真正成为全民美食，诚如安藤百福说的：“人类是爱面一族。”◆

公元前400—前300年：中国首先发明酱（hishio）。由大豆发酵所产生，是味噌及酱油的前身。最早的调味料又咸又刺鼻，质地像粥，颜色是深褐色。

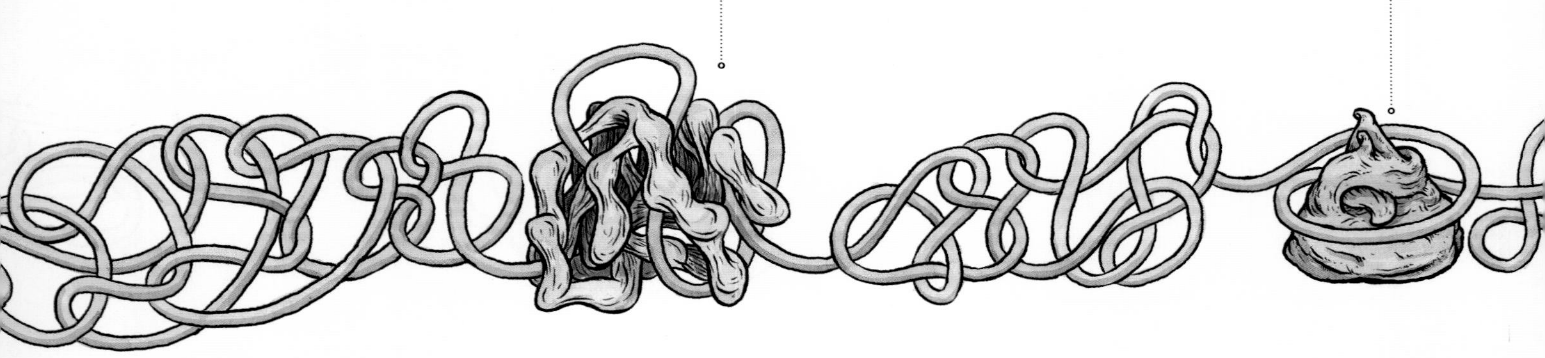

公元 701 年：日本开始将酱和味噌作为一般商品及食用品。

1500—1700 年：发展出酱油。日本酱油的最早文字记录出现在 1559 年。东京城外的制造商将烤过的小麦加入酱油中——此举可使酱色变深——而重新定名为浓口酱油；淡口酱油则于 1666 年发明于京都郊外。两年后，酱油高汤就被饮食文集推荐介绍。

1868—1912 年：中华荞麦面诞生，而后变成众所周知的拉面。有些语言学家推测“拉面”是从中文、用手拉的“拉面”变化而来的日式改造语，但这名词的由来仍众说纷纭。

1923 年：日本关东大地震后，在东京和横滨出现第一台拉面摊车及拉面路边摊。20 世纪 20 年代曾兴起中式食物的热潮，助长中华面的风行。

1939—1945 年（第二次世界大战）：1941 年日本偷袭珍珠港，发动太平洋战争，到了 1945 年成为最后投降的轴心国势力。为了缓解日本战后粮食短缺的问题，美国供应日本大量小麦，导致日本政府鼓励小麦面条的生产。

1955 年：味噌拉面在札幌诞生。味噌拉面最初的样貌是清淡有味的汤面。到了 20 世纪 60 年代，开始流行选择奶油作为配料，汤头也改用肉来熬。减少健康要求，却大为流行。

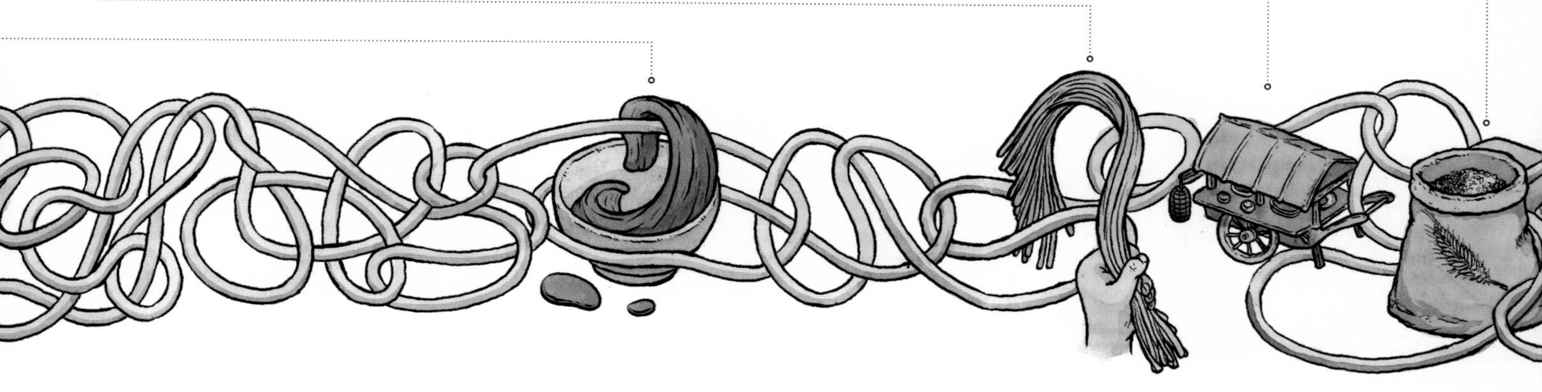

20世纪50年代:“拉面”取代“中华荞麦面”成为面食中较通用的词汇。

1954年:山岸一雄发明沾面。山岸先生在踏进拉面业之前是荞麦面师傅。据说当他煮面给自己吃时，就将拉面煮成荞麦凉面的样式：用一个碗装凉面，另一个碗装味道加重的蘸酱汤。最后这道料理放上菜单，沾面就此诞生。1961年，山岸先生在东池袋开大胜轩总店，开创了东京拉面店不堕的王朝。

1958年:安藤百福在自家棚架下发明泡面。安藤发现将面条油炸就可部分烹煮及脱水。他成立“日清食品株式会社”，将鸡味泡面引介给日本消费者。

1968年:山田拓美在东京庆应大学旁开了第一家二郎拉面店，二郎拉面向以大分量、重油高汤、大把大蒜，以及排队长龙闻名。二郎拉面最后扩张成在30个地点开店的连锁企业，每家分店都贴着“社训”：

1. 人要散步，读书，开心存钱，周末钓鱼，打高尔夫球，抄写佛经。一切清明、正直、美丽。
2. 以世道为目的；以人类为目的；以社会为目的。
3. 爱、和平、团结。
4. 抱歉，你必须有说出自己想法的勇气。
5. 味道混乱则心中混乱；心中混乱则家庭混乱；家庭混乱则社会混乱；社会混乱则国家混乱；国家混乱则宇宙混乱。
6. 要放蒜吗?

1971年:杯面问世。经过5年研发，日清推出新产品，取名为“kappu nudoru”，灵感来自英文“cup noodles”（杯面）。泡面时除了热水什么都不需要，因为方便实惠，杯面在全世界各地都极受欢迎。

–1949年

1985年：日本导演伊丹十三发行电影《蒲公英》。这部电影表面上是喜剧，实则模仿西方电影的旧招数，描写年轻寡妇学习拉面制作的旅程。插曲则是社会各阶层食客的众生相，揭露他们对拉面真正欣赏的细微之处。

1986年：佐野实的“中华拉面”在横滨设点。多年来佐野以严格规定赢得“拉面纳粹”的名号，在他的餐厅里不准说话、不准打手机、不准抽烟，也禁止擦香水的客人入内。在电视真人秀中，佐野对有抱负的年轻厨师常常发脾气且进行行为挑衅，因此也以“拉面恶魔”闻名。与日本退役花式溜冰好手佐野稔名字发音相同，请不要将两人混淆。

1992年：“灵魂乐教父”詹姆斯·布朗（James Brown ）登上日本电视的杯面广告。将成名曲《性爱机器》的著名歌词“get up”换成“misoppa”或“miso up ”。

2005—2010年间：

- 沾面蓬勃发展。东京主办年度“日本大沾面博览会”，集结数十家名店对这个变形拉面推出招牌面。
- 拉面二郎在 2005~2010 年间大风行，二郎拉面的粉丝甚至称自己为“二郎人”。2010 年，一本教导读者如何开一家二郎拉面店的书在日本出版。
- “讲究”（kodawari）运动盛行。艾文拉面的艾文·奥肯将此运动的盛行归功于佐野实的影响。艾文表示：“在讲究拉面技艺的世界里，我希望自己是其中一分子。店家想做到差异性，关键在于老板可以寻找到独特且高质量的食材——寻找特定来源的鸡或猪；找到远在冲绳小岛出产的盐；找到小型商家出产的酱油；或者是要求复杂的碳滤系统来过滤水质。多年来，拉面是快餐产业的延伸（很多地方直到现在仍是如此），有巨大的产业链，产品由工厂生产，包上塑料袋送到零售点贩卖。佐野和其他少数先行者让拉面得到该有的美食之名。”

21世纪初：混合了肉汤与鱼汤的“双拼汤头”屹立不倒。加了鱼和昆布熬煮成的高汤与盐味高汤或豚骨高汤混合，产生额外的风味层次。

INSTANT RAMEN
SHOWDOWN

泡面大对决

鲁思·雷克尔的各品牌快煮拉面测试

文字：鲁思·雷克尔（Ruth Reichl）[1]
插画：丹尼尔·卡尔（Daniel Krall）

我要招认：10 年前，如果你问我儿子的朋友，他们来我家玩时午餐想吃什么？他们一定毫不迟疑地大喊：“拉面！”

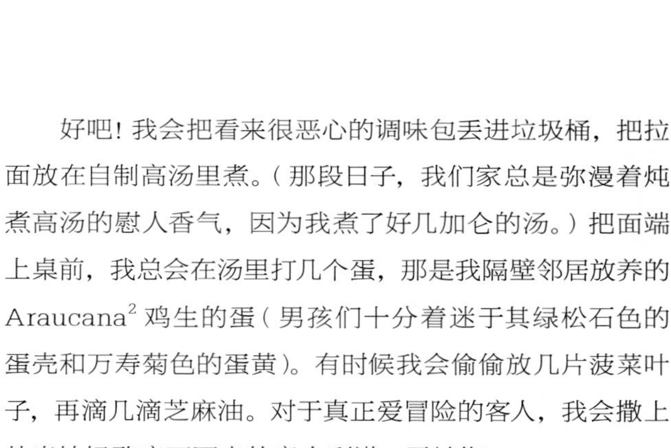

好吧！我会把看来很恶心的调味包丢进垃圾桶，把拉面放在自制高汤里煮。（那段日子，我们家总是弥漫着炖煮高汤的慰人香气，因为我煮了好几加仑的汤。）把面端上桌前，我总会在汤里打几个蛋，那是我隔壁邻居放养的 Araucana[2] 鸡生的蛋（男孩们十分着迷于其绿松石色的蛋壳和万寿菊色的蛋黄）。有时候我会偷偷放几片菠菜叶子，再滴几滴芝麻油。对于真正爱冒险的客人，我会撒上从当地奶酪店买回来的意大利进口干辣椒。

但是面还是超级市场买来的品牌 Top Ramen 或 Maruchan（マルちゃん），就是 Price Chopper 卖的 10 包一美元的那种。我不时拿起来尝尝，心里想着：“我做的应该会比这个好吃。”但男孩们不介意，我也耸耸肩算了。至少这种吃起来黏糊、松软的面条被我放在美味厚实的高汤里。

我们的拉面日子结束了——好多年前尼克就长大自己出去玩了，但有个超级拉面品牌的想法一直折磨着我。所以上个月我订出一个策划案，要探索这个“快速油炸面”的野生世界。

不知该从何开始。我先在圣盖博谷（San Gabriel Valley）的中国超市待了一下午，又在洛杉矶小东京的日本超市耗了一下午，真是大开眼界。市场上有上百种，或许上千种的泡面品牌，分别从不同国家进口。我试着订出几个规范，排除了冷藏拉面、冰冻面条，还有所有不需要煮的面。我准备只花 80 美元。（想到每包泡面价钱不到 1 美元，你就知道这个数字做出的策划范围有多疯狂。）

我不会用我吞下每种泡面的步骤流程图来烦你，也不会假装我好像真的找到了梦幻泡面，好到让我忘掉东京艾文拉面给我的滑顺兴奋感。但我真的找到几种快煮拉面，但愿我在几年前就知道它们的存在，那些男孩就可以吃到我的更好的面。

1 鲁思·雷克尔（Ruth Reichl），美国近代最具权威的美食评论家，1984 年起担任美食评论员，由西岸的《洛杉矶时报》做到东岸影响力最大的《纽约时报》美食专栏主笔及《美食杂志》的总编辑，著有《天生嫩骨》（*Tender at the Bone*）、《千面美食家》（*Garlic and Sapphires: The secret life of a critic in disguise*）等著作。

2 一种从智利起源的鸡，产的蛋为蓝色。——编者注

首先，根据泡面测试，我提出几个结论……

1. 扔了综合调味包 相信我，无论包装袋上把风味描写得多诱人，这都不是你想吃的东西。小小铝箔包里装的都是奇怪的化学调味混合物。所有我试过的调味包都很恶心，有些还更糟。

2. 看清楚钠含量 然后忘了它。超市里每包泡面所含的钠含量都绝对超过你每日被建议的盐分摄取量——大多是每日建议摄取量的 130%。如果钠含量看起来好像很合理，那我要请你再看一次——仔细地看一次——很可能因为制造商为了方便行事，以假象说明，事实上每一包都含有 3 份。

3. 请注意产地 日本做的泡面最棒。

4. 注意价钱 记得对奢侈品献上敬意。根据经验，品牌越贵，泡面越好。

公布结果

最佳拉面奖

“明星食品”的中华三味日式拉面，日本制。

淡黄色，质地清爽有弹性，有着令人高兴且内敛的风味。

最精致奖

农心拉面（Nong Shim），加州库卡蒙格牧场（Rancho Cucamonga）制造。

最怪异商品奖

绿面（Green Noodles），泰国制。

包装上吹嘘这些面美味有嚼劲！然后继续吹牛，成分清单表面看起来都是正面表述，但终究完全负面。它说不是油炸面，没有加入人工色素，没有防腐剂，没有胆固醇，没有味精。

这种面还是用神秘的埃及野麻婴（Moroheiya）做的——而这是一种叶菜，据称比胡萝卜、菠菜、花椰菜还有营养——因此做出的面有非常美丽的绿色。除了健康声明，还说它们味道不错。

埃及野麻婴的另一个名字也十分出名，又叫摩罗叶。放在口里嚼一嚼就会产生黏性，这种黏性是日本人赞许的特色。但煮出来的面却丝毫不黏，居然意外的Q。但是千万不要喝汤包煮出来的汤，实在恶心到不行。

落选陪榜奖

买回来的香港泡面比其他地方出产的泡面，在成分标示上更加不明，甚至比女巫煮的汤还神秘，但面条非常白，很有弹性，也不恶心。

札幌一番拉面（日本厂牌）的“原味拉面”是我试过唯一一包有咸味的面条，但它出的“传统拉面”并不咸。这些面条都有很强但不特别令人愉快的小麦味道。札幌一番出的“日式拉面”比较油，口感比较滑，有一些像劣质乌冬面的黏腻感。

我试了很多越南厂牌，都有可爱的杏黄色以及让我想起腐烂干草的气味。

我买回来的中国台湾品牌泡面口味比较平淡，相较之下，其评价比耳闻的高。

我找到的泰国品牌是那种要倒热水去泡的。我的建议是：千万不要。

最后惊奇奖

有朋友带几包来自中国深圳的**金粉泡面**给我。我看着起疑，但当我把热水倒入小小的泡沫碗时，我觉得场景立刻转到华人大城市的后巷里。惊人的鱼味，使我的厨房闻起来就像到了挤满上百顾客及小摊贩的露天大菜市场。尺寸细、颜色金黄的面条口感不错，即使这是漫长一天的最后一碗面，也得很不好意思地说，我还是把它吃完了。◆

RECIPES：泡面大变身

黑胡椒奶酪意大利面

这也许是我最喜欢的意大利面，因为做起来很简单。我是说，简单的东西总有法子变得不简单。有些意大利餐厅会挖空一个车轮大小的奶酪，叫服务生把它滚到用餐室，把面条放进挖空的洞里，蘸上奶酪。但这种规矩对我总是有点虚情假意，画蛇添足。这道菜的精神在于直率的风味：羊奶酪和大量黑胡椒，只用一点水或油把它们融合在一起，而不是把简单的美感复杂化，我试着用泡面简化这道料理。

在 Momofuku 餐厅帮忙备料及研制食谱的厨师大丹和小丹认为这样搞一定会很惨，但原则却很安全：先做出尝起来像黑胡椒奶酪酱的汤汁，加入一块脱过水的熟面，让这块面条吸收汤汁，就像用水泡开一般。怎么会不好吃？

日本有意式调味的泡面——意大利面的地位似乎仅次于日式拉面，东京的意大利餐馆比世界上其他地方都多——所以这概念并不奇怪。我相信结果一定会让传统意式烹饪法丢脸到家。而这种做法也是宿舍料理的最高境界，做出最高境界的宿舍料理是我一直渴望做的事。——**大卫·张**

食材【2人份】

3 大匙　奶油
1 大匙　橄榄油
2 大杯　磨碎的意大利 pecorino 羊奶酪
+　新鲜现磨黑胡椒
2 包　泡面，调味包留作他用

ADAM LUPSHA

注意看，你家附近的市场也许有“三养拉面”出的正统意大利风味泡面。

因为……

大多数黑胡椒芝士面的食谱都是先煮面，然后蘸上酱汁。在这道食谱里，首先要做的是用酱汁锅将水、奶油、油和一点健康剂量的新鲜黑胡椒混合，以中温加热，全部煮开。

↓

搅拌，将火调小，让汤汁快速且稳定地煨煮。拌入奶酪。接着立刻加入泡面，持续搅拌，让奶酪不会结块。

↓

虽然发明了意大利面，但不知道为什么意大利人从不用筷子。

↓

努力拌开泡面，或用汤匙舀起汤汁浇到面上，直到面条散开。只要散开，就开始持续拌搅。如果汤汁分量看起来比面条会吸收的量多，就倒掉一点汤汁。搅拌 3 分钟半或 4 分钟后，面条应该看来松散而含水，看起来也比较好吃。水分应该大多也被吸干了。

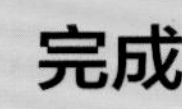

完成

面分到两个碗中，每碗加入很多现磨黑胡椒，也许再放少许芝士。然后爽快地大吃一场。吃快一点，这道料理摆久就不好吃了。

西班牙短面

创造这些拉面食谱的全部活动都与运用食材有关，而这些食材一般我们不会在Momofuku餐厅用到。所以当我思考要如何利用泡面，我会想："什么是我们一般都不做的？这道菜的错误做法是什么？"

会想到西班牙短面就是这个原因。西班牙短面是一种干面条，料理它的方法不是一般正常煮意大利面的方法，而是像煮炖饭或西班牙海鲜饭的方法，用浅平锅装着短面，放少量汤水，再以低温煮。这种技巧让面条呈现非常独特的质地，与其他食材浸泡一起煮，就会充满那种食材的风味。

当然，拉面已经煮过了，所以我们不能用这个技巧让短面变得这么独特，只能把名字和让这料理变美味的西班牙口味偷来用，包括西班牙辣肠、西班牙烟熏红椒粉、蛋黄酱、多种贝类的鲜汤等。有这种组合，就算鞋带也会煮成美味。没有理由放在泡面上行不通。

请注意：在*Lucky Peach*录像带版中，我把一大坨油滋滋的蒜味蛋黄酱倒在成品上——这是我第二次做这种事，让我觉得完全乱来。所以我在此郑重不推荐最后的摆盘技巧。（但它尝起来可真……真是好吃。）**——大卫·张**

食材【2人份】

1 大匙　橄榄油
1/4 磅　（堆得高高的 1/2 杯）西班牙辣肠，大致切一切
1 打　白蚬，清洗干净
1/2 磅　淡菜，清洗干净
1 包　泡面，用手捏碎
1/2 大杯　热水或鸡汤
1/4 小匙　西班牙烟熏红椒粉
1/4 大杯　蒜味蛋黄酱
2 根　大葱，切细丝

清理贝类

淡菜和白蚬泡在大量冷水中，在水中加一点盐，浸泡半小时，让贝壳吐沙。捞出来后用清水冲洗干净，必要的话，拔掉淡菜的须。

自制蒜味蛋黄酱

在食物调理机中先放一颗蛋黄、半个柠檬的柠檬汁，挤一点第戎芥末酱[1]，以及切成末状的两瓣大蒜，加入 400 克葡萄籽油（比 1 3/4 杯多一点），还有盐和胡椒，慢慢打成泥状。专门为这道菜自制新鲜蛋黄酱好像有点笨，我若是你，就会把一两瓣大蒜搅拌到非常细，然后再拌入 1/4 杯美乃滋里，到此为止就可以收工了。

烹煮西班牙辣肠

取 30 厘米长柄锅，加入橄榄油，高温将油热到有波纹。放入西班牙辣肠，每 30 秒拌炒一次，直到辣肠有一些焦褐色。如果你的锅子够热，请勿拌炒超过 2 分钟。

然后煮贝类

白蚬放入平底锅，1 分钟后再加淡菜、捏碎的面条和热鸡汤。不时搅拌。只要白蚬和淡菜的壳开了一些，烹煮时间就不可超过 2 到 4 分钟，这道料理就完成。

完成

装在平底锅直接端上桌。撒上西班牙烟熏红椒粉、大葱丝。然后用黄金 80 年代的态度[2]在面上淋上蒜味蛋黄酱。

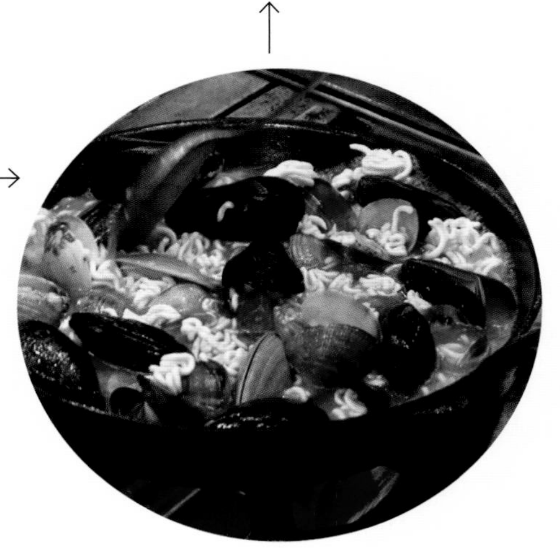

烹煮泡面时，贝类的壳会慢慢煮开。

1 法国 Leieur 品牌推出的一种芥末酱，是用葡萄酒调制而成的。——编者注
2 黄金 80 年代（totally 80s），是一切向前冲，毫无畏惧的时代。

巴黎风面疙瘩

这一道食谱是即兴之作，是看过意大利所有毛茸茸、软乎乎的马铃薯面疙瘩后，想来个法式即兴之作（只有罗马面疙瘩不会毛毛软软的，基于某种理由，罗马面疙瘩会用粗粒小麦粉制作）。巴黎风面疙瘩是用泡芙面团做出的面疙瘩，这种面团就是做闪电泡芙、奶酪泡芙、法式甜甜圈等糕点用的面团。用泡面做手指泡芙也许有点恶心，但我想应该也行得通。我的想法就是把传统泡芙面团用的生面粉换成泡面里调整处理过的小麦面粉。这样做可行，而且还不赖呢。

泡面风面疙瘩和传统的巴黎风面疙瘩放在一起，你当然会发现两者的不同。用泡面做的有不同黏稠度，拉面面团有种神奇特性，让面团变得比传统的泡芙面团更稳固，也比较耐热一点点。但是放在平底锅用奶油烧烤过后，就很难说哪个比较好了。**——大卫·张**

食材【2人份】

2 大杯	牛奶
2 包	泡面，调味包可留作他用
4 个	蛋黄
3 大匙	无盐奶油
2 大匙	欧芹碎
1 大匙	龙蒿叶
1 大匙	小葱，切细丝
2 大匙	磨碎的帕玛森奶酪

做泡芙面团

牛奶放在小酱汁锅中煮开，立刻离火。加入泡面，在牛奶中泡 1 分钟泡软，此时的泡面应该非常结实。

滤出面条，留下牛奶。面条和 1 杯牛奶放在搅拌机搅打半分钟，然后加入蛋黄，在机器里搅成平滑一致的面糊，浓度必须像松软的牙膏（如果面糊还是很干，一次加 1 汤匙牛奶软化。但这不该发生）。

面糊放到口径 1.2 厘米宽的挤花袋中。或者装入牢固的塑料袋，在底部一角剪出 1.2 厘米的三角切口。放入冰箱冷冻一段时间，这段时间应该可以让一大锅水煮到完全沸腾。在平盘或托盘里稍微上一点油（橄榄油、奶油或是喷一点防粘用的烤盘油都可以）。

煮面疙瘩

分批制作。用奶油刀或小抹刀把从袋子里挤出来的面团切成 2.5 厘米长的小段，直接切进水中。大约 1 分钟后，面疙瘩就会浮到水面，用漏勺舀出来，放到事先涂好油的盘子上。此时，你应该让面疙瘩降温并储存，用保鲜膜包好盘子，放进冰箱过夜。

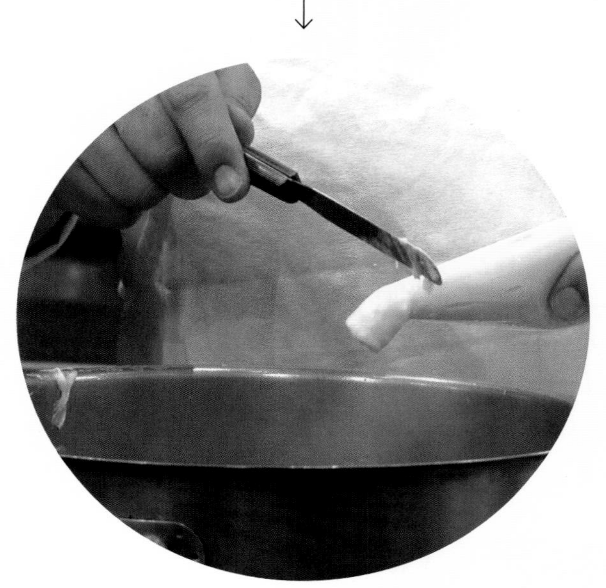

用小抹刀或奶油刀将面疙瘩直接切到滚水中。

完成

用广口炒锅将 2 汤匙奶油以中高温加热。当奶油泡泡消失时，加入面疙瘩油煎，要不时翻动，煎约 3 到 4 分钟，煎到带有金褐色，看起来很好吃的样子。剩下的 1 匙奶油加入锅中，奶油一融化，锅子立刻离火，加入柠檬汁，搅拌均匀。面疙瘩分别装入两个意大利面碗，最后撒上香草和奶酪各半，立刻享用。

脆皮泡面鱼排

在我的泡面胡闹游戏里，脆皮泡面鱼排也许明显是最懒惰的一道料理。把泡面磨到碎，加入附带的调味包，就能做出想象得到最不健康且过度调味的面包碎。不要误会。做出的结果会比现在的样子好很多，但仍然是开放式快攻上篮（球不免会在篮筐弹来弹去再落下）。反正，这份食谱最显而易见的地方让我担心，希望我的担心不会阻止你把可爱的鱼排蘸上拉面炸衣，放在锅上煎一下。**——大卫·张**

食材【2人份】

1包	泡面
2或3块	鲽鱼排
2颗	蛋，打散
1/4大杯	Wondra面粉
1大匙	葡萄籽油
4大匙	奶油
2颗	奶油莴苣或
1/2颗	美生菜，用手撕开
+	少许盐

制作面衣

拉面用搅拌器或食物调理机打成粉状（或放入磨钵用杵子磨成粉状，如果你住在山洞里），拌入调味粉包。

摆好裹面衣的装备。在盘中撒上面粉，用一个浅盘装蛋汁，另一盘放上拉面粉。鲽鱼排先蘸上面粉，去掉太多的粉；然后蘸蛋液，最后蘸上拉面粉。拉面粉满满地沾在鱼排上，要完全覆盖。

用奶油浇淋鳐鱼排

让鳐鱼排再煎半分钟，就把锅子翘起来，使奶油集中在靠近锅边把手的适当地区。用大汤匙舀起热油不断浇在鱼排还没有熟透的地方，大概浇 1 ~ 2 分钟。此时鱼排应该很结实不会掉渣。鳐鱼排移到铺着餐巾纸或垫着架子的盘子上。可以一面炒莴苣，一面沥油。

长柄煎锅以高温热锅，加入葡萄籽油，1 分钟后放入鳐鱼排。再 1 分钟后加入一大块奶油。当第一面煎得酥脆呈金褐色时，翻面再煎。

不会浪费时间

经过几次初步食谱测试，我和实验室的人已经知道这道鳐鱼面衣行得通，所以我开始乱搞，试试泡面粉有没有其他用途。我们试过把泡面粉加在气压奶油枪里做炸鸡用的面糊——气压奶油枪就是奶油发泡器——让你一秒变成布鲁门萨尔[1]的工具，但泡面面糊吸水的速度很快（嘿，这就是泡面的特性啊，笨蛋！）。从罐子里打出来的东西是很稀的面糊。往好处想，我们可以把面糊油炸了，变成好吃的炸面糊，所以我们把这东西记在速记板上，要知道只有有趣且不会在未来丢脸的东西才可以写在速记板上喔！——它也许会变成疯狂酥脆、口感有趣的油炸小香酥。

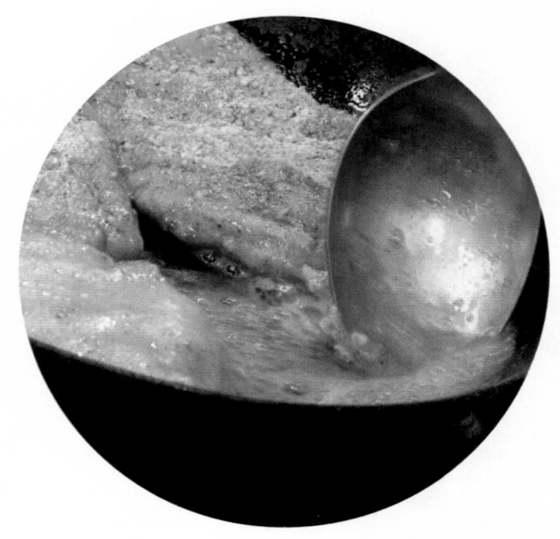

锅子朝你的方向倾斜，然后用奶油浇淋鱼排。

炒莴苣

莴苣则简单放在同样的热锅里，加一点盐。翻炒 1 到 2 分钟，炒到叶子有点萎缩但不是完全软烂。秘诀就在要加一点醋或挤一点柠檬汁进去。然后将莴苣分到两个盘子，上面放上香煎鳐鱼，然后大口咬下。

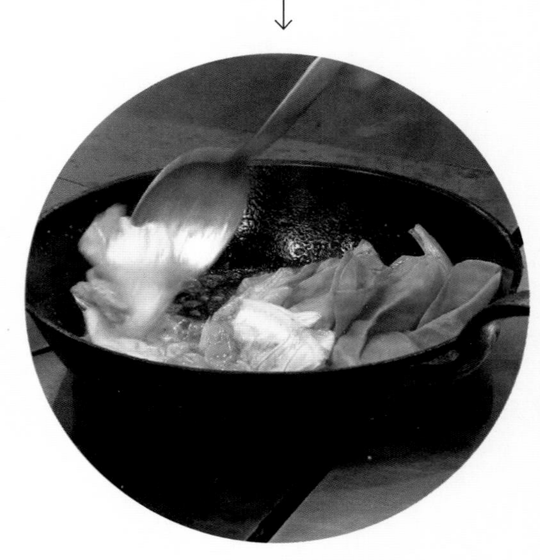

我对脆皮泡面鱼排有点怀疑，
但我想炒莴苣应该配什么都好吃吧！

1 赫斯顿·布鲁门萨尔（Heston Blumenthal），英国分子美食大师，他的“肥鸭”（Fat Duck）餐厅在 2005 年起打败西班牙厨神阿德里亚（Ferran Adrià）的 elBulli 餐厅，跃上世界第一。主持“米其林大厨学堂”节目，分享厨艺技巧。

全世界
最好吃的薯片
LUCKY PEACH 赞助

薯片与东方蘸酱

文字 & 食谱：马克 · 艾伯特（Mark Ibold）
摄影：加布里埃尔 · 斯塔拜尔（Gabriele Stabile）

1 包　你最爱泡面的调味包
1 个　12 盎司的盒装酸奶油（如果你是内行人，可用全脂羊奶酪）
1 包　16 盎司一包的世界最好薯片*

调味包放入酸奶油（或羊奶酪）中，搅拌均匀，等 20 分钟让酸奶与调味粉融为一体。用薯片蘸上拉面蘸酱。等一下再感谢我。

*我在宾夕法尼亚州的兰卡斯特（Lancaster）长大，这里是薯片能自成一类食物的地方。

在20世纪80年代，我可以在任何一家店找到质量不错的薯片，Gibble's、Bickel's、Stehman's、Moyer's、Zerbe's、Utz、Good's和Goods（是的，Good's和Goods是两家不同厂牌）。有些薯片是厚切的，有些经过深炸，有些使用猪油炸过，有些则用棉花籽油去炸。我有我最爱的，但我每种都吃。

20世纪90年代中期，有一次返乡途中，我注意到有些袋子不见了。到处问人，才得知在超级市场的昂贵品牌轻而易举就以全国大厂之姿把地方厂牌赶出市场。但在那次的旅程中，我也发现了一个新的品牌：Kay &Ray's。

包装袋的设计是亨利·达戈[1]式的图画，男孩和女孩共享薯片，下面配有"天啊！它们真好吃！"的全部大写文字——简直要我的命！但当我一撕开袋子，一看到用猪油炸的酥脆到不行的薯片，我立刻知道它们是世界上最好的薯片。

Kay and Ray's薯片是家族企业，历经几个世代，从一个家族转手到另一个家族。Kay & Ray's的名字是20世纪50年代中期查理·海肯东（Charley Heckendorn）经营这家公司的时候取的，包装上的Kay和Ray就是海肯东的孩子。

20世纪80年代晚期，这个厂牌的薯片只在宾夕法尼亚州钱伯斯堡及卡莱尔地区（Chambersburg/Carlisle）买得到。此时这家公司已被唐·卡尔（Don Carr）买下，他是附近Gibble's薯片公司的资深员工。卡尔先生继续以Kay & Ray's固有的方式制作薯片——用猪背油慢炸，用金属耙子翻搅——制作地点就在宾州纽维尔镇（Newville）的小谷仓。但他慢慢增加K&R薯片的销售区域，扩及纽维尔方圆50英里内的城市小镇都能买得到（这就是我能在兰卡斯特找到它的原因）。

20世纪90年代晚期，卡尔把K&R卖给做马铃薯小面包的世界最佳厂商——"马丁糕饼家族"（Martin's Famous Pastry Shoppe）。制造地点也由纽维尔的老地方搬到马丁在宾州中部钱伯斯堡镇外设立的较大厂房，那里是以人均而言全美薯片厂牌最多的地方（Gibble's总公司也设在那里）。马丁雇用卡尔继续监管薯片的生产，一直持续到今天。

在最近一次的参访中，我十分讶异于眼前的薯片工厂比我预期的大得多。我本来还在脑中勾画着一座谷仓或车库、一个猪油槽，只有一两个员工手拿耙子捣弄着薯片。但眼前呈现的是如城市般街区大小、屋檐低矮、铁皮包覆的厂房。建筑物的门上不拘形式地标志着简单潦草的字母。我们在标着Door B的门后面见到了卡尔先生。

1 亨利·达戈（Henry Darger，1892-1973），美国最知名的"原生艺术"家。原生艺术（Art Brut）原指精神病患或智能障碍者出于原生天性所创作的艺术。达戈生来孤僻，是精神病患者，一生漂泊，最后在医院当看门工，81岁死时，房东在他的屋内找到300幅水彩及1500多幅插画，震惊艺术界。

我们走进去时，他正好做完一场工厂介绍。对象是一群戴着小圆呢帽、守着老规矩、神情非常愉悦的门诺教徒。上一场结束后，卡尔先生发给我们一张薯片制作流程的简易说明以及几个头套（还给了加布里埃尔一个胡须套），要我们跟着他走。

我们走入工厂地下室，那是储存马铃薯的地方。黑暗的储藏室潮湿阴冷还有厚重的泥味。这是放置根茎作物的地窖，只是规模是我前所未见。刚从密歇根中部由卡车运上来的斯诺登（Snowden）马铃薯数以吨计地堆在储藏槽。卡尔解释整个冬天都会使用密歇根马铃薯，到了4月就会改用佛罗里达来的马铃薯，然后是加利福尼亚州的、弗吉尼亚的，一直到8月。到了8月，大概会有4到6周的时间使用宾夕法尼亚州当地的马铃薯。我有印象在8月下旬吃过 Kay & Ray's，里面一定装着宾夕法尼亚州中部盛产的马铃薯。

走上楼，马铃薯在这里削皮、切片、炸煮、加盐、包装。削皮切片的过程十分迅速。削皮器里有数个表面包着粗砂纸的金属滚轴，以极高速疯狂旋转，一面磨掉马铃薯皮，一面冲水把皮洗掉。马铃薯经由输送带送到分切器。分切器就像一个旋转的日式刨刀，把它们刨成马铃薯片。

这是 K&R 之所以与众不同的第一点。切割过后的马铃薯片非常清爽干净，是注册商标的厚切片状。但卡尔秀给我们看，K&R 的切片尺寸实际比大多数薯片都薄。他解释，多数厂牌的薯片还要经过喷冲程序除去淀粉，喷掉淀粉可使酥炸时间明显减少——可在20秒内把薯片完全炸熟。但是 K&R 的薯片不经过喷冲过程，淀粉完好无缺，薯片直接从分切机送到炸炉，这是 K&R 薯片的第一个秘密。

薯片可用各种油酥炸，K&R 用来油炸的介质是宾夕法尼亚州海特菲尔德的优质肉品商（Hatfield Quality Meats）供应的猪油，然后用极低温的140℃油炸8分钟，再喷上像粉尘一样细的盐。掌握油炸时间、温度和调味是 K&R 的第二到第四个秘密。

介绍到此，卡尔先生消失了。不一会儿他带着午餐用的塑料托盘回来，然后放在刚炸好上过盐的薯片叠层下，把相当于大包分量的薯片递给我们。完美的薯片温热酥脆，充满油香但非常清爽。我们本想保持礼貌，最后却在几秒内把它们狼吞虎咽。我打赌卡尔先生对这个游戏永远不会厌倦。

我们接下来跟着各种不同的震动运送带往前走，到了最后一个生产步骤：称重和包装。这是已经完全自动化的程序，以现代工厂极尽所能的令人着迷的方式进行。薯片经由输送带送到日本制造的巨大分量控制机，不过几秒钟工夫，薯片迅速帅气落袋。工厂工人将一袋袋薯片装箱，再把箱子推到隔壁的大库房。

就是这间大库房让我们意识到 Kay & Ray's 只占这个工厂出产总量的极小部分。只有几摞的 Kay & Ray's 薯片箱子，在其他以层计算的零食产品旁，只不过是小巫见大巫。卡尔先生告诉我们，K&R 的确只占马丁糕饼事业的极小部分，在这里做的大部分薯片是 Gibble's 薯片（顺道一提，Gibble's 也许是世上第二好吃的薯片）。仓库里更有数量惊人的美味奶酪泡芙，这点心在宾州中部的超级市场十分受欢迎，不过这又是另一个故事。◆

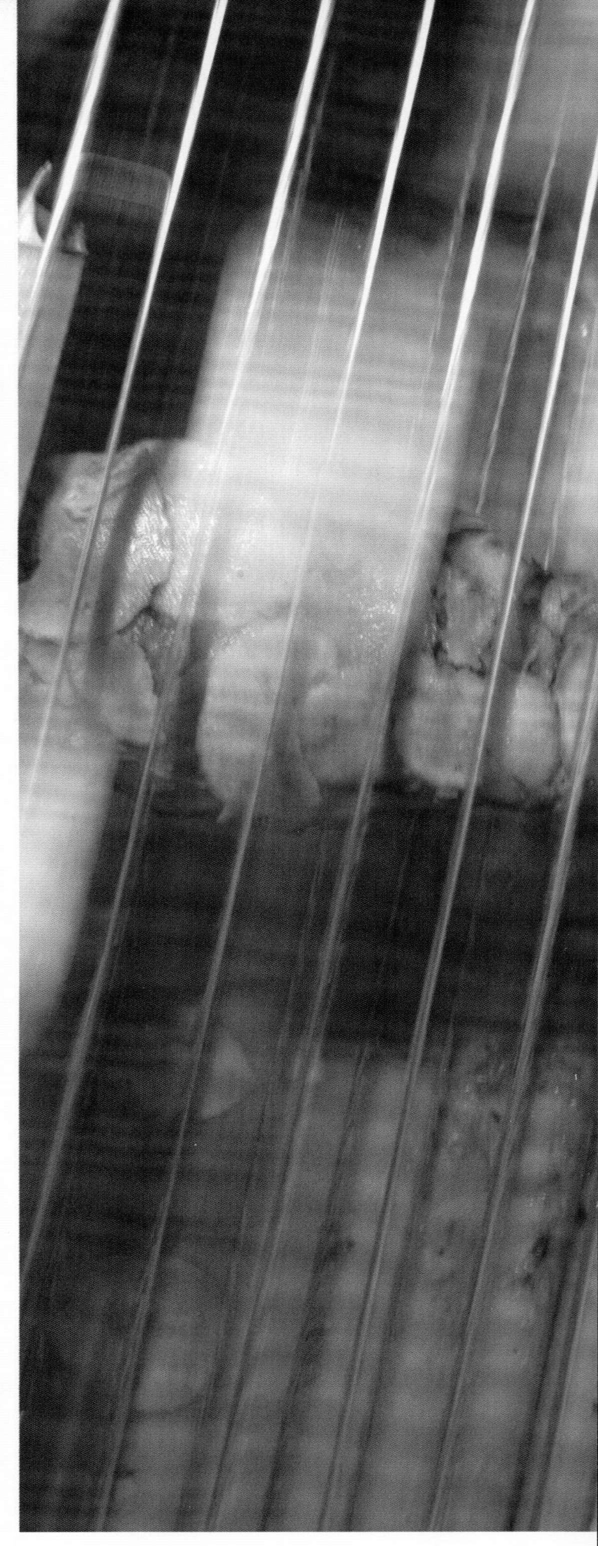

左栏上到下：唐 · 卡尔先生在宾夕法尼亚州钱伯斯堡Kay & Ray's（世上最好吃的薯片）的厂房监管薯片生产过程。储藏室堆满斯诺登马铃薯。马铃薯送去切片前，工厂员工检查去皮状态。

上图：机器里的 Kay & Ray's 薯片切片比其他多数厂牌切得薄，但因为切片后不经冲洗，上面仍保留淀粉，最后却像厚切薯片。

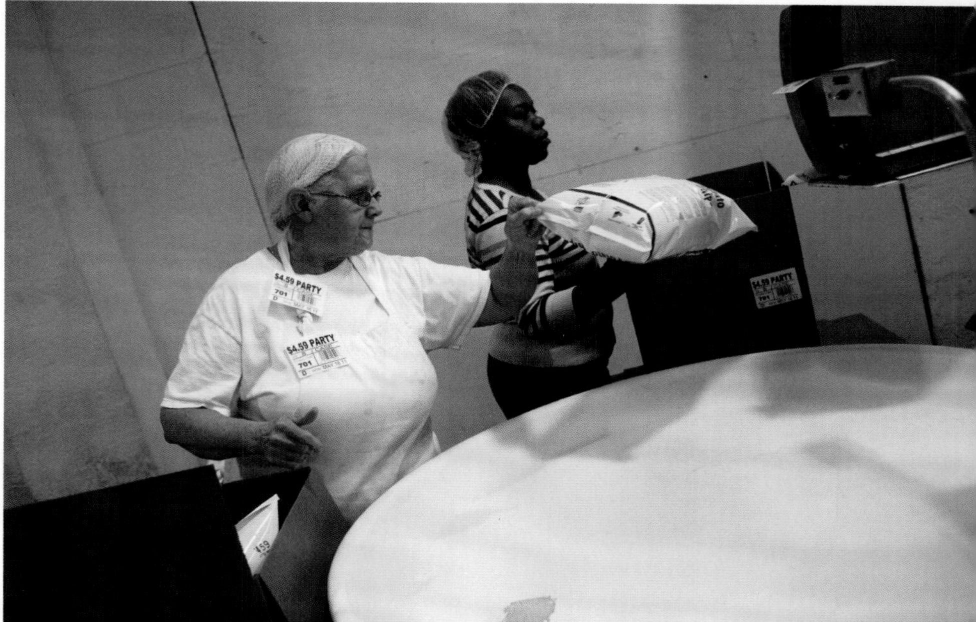

右栏上到下：震动输送带可抖掉薯片碎屑。工厂工人将袋装 Kay & Ray's 装箱，直接送入宾夕法尼亚州爱猪油的饕客嘴巴。Kay & Ray's 的生产量只占工厂产品的少量，但并不会改变它是“世界第一薯片”的事实。

The PROBLEM of AUTHENTICITY
地道美食
文字：陶德·克里曼
TODD KLIMAN
摄影：
加布里埃尔·斯塔拜尔
GABRIELE STABILE

我对食物及其正统性的质疑，比对上帝是否存在的怀疑还要多。我并不是以骄傲的心态说这番话。我有时怀疑这是我性格中的缺陷，太过着迷于食物而不关心其他，包括更重要的普世观点。但我也知道自己是这时代的产物。美国食物持续复杂化，对我们食物爱好者而言，只单纯把东西吞下消化已是不可能。我们也必须和它角力。

这些日子，特别在某些地区，你也许会发现自己正涉入与此相关的话题，原本在美好餐厅共度两人用餐时光，享受简单不复杂的布尔乔亚欢乐，转眼却发现身陷冗长的激辩中。即使议题不直接发生在餐桌上，也在精神中不时浮动，成为城市生活具自我意识的幽灵。

这是什么意思呢？什么叫作我们有权力结束羔羊的生命，让它变成一盘加上扁豆的香肠？我们对此又有什么责任？在只吃人类豢养的动物与野生放养的动物之后，我们是否表达出对富足与特权的矛盾？难道我们连切块羊肉香肠都不能了吗？

烤鲑鱼在同桌用餐朋友的手下三两下就光盘：这是养殖的还是野生的？汞含量多少？这鱼安全吗？一星期食用一块鲑鱼的次数要增多吗？当其他鱼类，如鲭鱼在生态系统中日渐减少时，我们应该吃鲑鱼吗？

我还没有岔开谈到地道食物的问题，这问题可比处于红色警戒的饮食道德或生态议题更能引起我们的兴趣——只因为这乍看似乎是不成问题的问题。食物必定是地道的，不是吗？

而此时，当我们的文化有这么多人为因素、这么多刻意同化的操作时，大多数人视地道为原则议题。我们的世界充斥着廉价与速成、外观同型的购物商场，有大箱子批发量贩及快餐连锁店，唯一可与这些商业主义抗衡的是我们的食物。过去 10 年出现各种与食物相关的运动，可视为对威胁势力的反抗，是一种自由主义的回归，一种对二战前美好时光的感性渴望，那时的食物连锁店还未如此无情地有效扩张。

所有一切问题都是盖茨比（Gatsby，美国经典小说《了不起的盖茨比》主人公）的问题，是浪漫情怀的问题，在严酷棘手的现实层面，这是毫无希望的不切实际。你无法令机械化的巨大社会回归到堕落前的农业时代。过去的再也回不来了。

上图：曼哈顿的小意大利以前总聚集了大批曼哈顿下城居民，但如今已慢慢退到桑树街（Mulberry St.），那里是红酱意大利餐厅的最后堡垒。每年一次的圣真纳罗庆典（Feast of San Gennaro），桑树街会主办一场为期两周完全失控的街区游行，或者可视为以往掌控邻里的旧秩序发脾气以重申它的影响力。

这也许解释了某些人深刻的怀旧气息以及对感性的饥渴，这些人包括慢食主义传道者、鼓吹好食的作者以及背负社会主义意识的主厨，他们每日苦苦哀求，一个方法不成就换另一个，哀求我们回到根本，回到原初与地道。最后这一切变成"正统"，相较于本地饮食主义和永续性或季节性议题，食物正统性变成更大挑战。

但有一个问题：我们如何定义正统？

另一个问题：正统的起源又在哪里？

再一个问题：就算找到了起源，又怎么知道那就是真正的正统？

你不能立法限制厨师的手

从一开始最简单的食物变成东西最复杂的状态，过程十分迅速。

就说甜甜圈吧，什么食物会比甜甜圈更直截了当？面粉、水、盐，煮沸再烤。不是所有烘焙坊都做得一样好，但这些是基本的，是每家甜甜圈业者都该遵循的基本功夫。但每位甜甜圈爱好者的基本功夫又是什么？去纽约。

你在纽约可以找到最好的甜甜圈，一点都不用怀疑，至于手做甜甜圈嘛，是所有最棒店家的招牌，是传说中神物。50 年前，纽约的工业转为机械化。所有甜甜圈自此都改以机械生产，然后用手塑形。（蒙特利尔的情形则相反。甜甜圈仍以一世纪前的方法制作，完全手工，然后用木炭烤箱烘烤——这是世上最好的甜甜圈，虽然纽约客会为此声明，跟你争辩到死。）

如果你和纽约客谈到久远的美好回忆，会听到以前的甜甜圈长得不是现在这样子。这可不是什么怀旧的唠叨，而可能是实话。

在新奥尔良，每件事都有着复杂的真相，康宝海鲜汤（Gumbo）[1] 就有这样的故事，让你体悟真相不可能大白。

就在几年前，新奥尔良的《时代花絮报》（*The Times－Picayune*）的美食评论家布莱特·安德森（Brett Anderson）做了一次美食调查，主题是“新月城最佳康宝海鲜汤”（新月城是新奥尔良昵称）。新奥尔良人个个满怀热情地推荐他们的食物，安德森知道自己必须坚定不移地进行调查。两个月过去了，在最后 24 小时，他推荐 12 家不同餐馆的 12 道康宝海鲜汤。他在调查结论上写着：“新奥尔良的康宝多半比卡津地区（Cajun）[2] 的康宝汤稀薄；但新奥尔良的康宝也有比卡津地区康宝浓厚的；调味粉 filé 应该是汤上桌才加；filé 应该在锅里就加；康宝汤绝对不可以加西红柿；也可以用西红柿；绝对不要又加肉又加海鲜；也有又加肉又加海鲜的做法；不可用牛肉；可以用牛肉……了解了吗？我可以继续说。”

大家不但对汤的构成材料没有共识，每个厨子都相信自己的做法才是对的。“康宝汤没有单一的历史，”安德森这样写着，“康宝汤有数不尽的历史。”

安德森做出结论，认为让康宝汤如此特殊、如此重要的原因在于：整个城市提供了康宝汤在样式上的惊人广度，每位厨师从碗里端出的都是一堂历史课。这是活生生正改变的事物，不是人为操作，却展现了多年来自然演化的适应形式，不只反映一地的特色，而是一地区各市镇、各街区和各街道的特色。

在中国，某些料理的某些做法绝对不可侵犯，例如麻婆豆腐。这道经典的四川菜只有一种被批准的做法，只有一种，就一种正统料理法。

意大利的那不勒斯对比萨也做过相同的事情，比萨是那不勒斯的标杆美食。严格控制内容才发出原产区认证（denominazione di origine controllata），用以规定什么才是、什么又不是正统的意大利比萨。而判别因素从要用什么样的炉、饼皮厚薄，到使用馅料种类等。

这些措施只为一个目的——确保文化的重要区块在瞬息即变的世界中能完整保存。但坚持正统方法，是否意味着政府从一开始就在残害这道料理的成长？开一家“正宗的”四川菜餐厅和“地道的”那不勒斯比萨店，是否就能让餐厅做出同样的东西？

当然，就像所有强加于不羁民众身上的统一规定，政府政策只能成功一时。在成都，你可以找到融合各种样式的麻婆豆腐。那不勒斯也不乏与标准模式相距甚远的比萨。

你无法立法限制人心，显然也无法限制厨师的双手。

1 以海鲜蔬菜煮成的什锦浓汤，据说是从马赛鱼汤演变来的汤菜，因新奥尔良多元种族背景，结合法式、非洲、西班牙、德国各地风格，于 18 世纪发展出的菜色。

2 卡津人原是移民加拿大 Acadia 地区的法裔，被英国人驱离后沿着密西西比河漂流到美国路易斯安那州，所以卡津料理出于法式，却混合着黑人、印第安人的色彩，特别在香料的运用上。

下两页照片由加布里埃尔·斯塔拜尔所拍，顺时针方向由左上往下：
桑树街是意裔美人怀旧的王国——这家人逛街不是正穿着意大利半岛的三色 T 恤吗？
只要出了桑树街就不是了。我拍下开在街上的中国餐厅厨房，以前是小意大利的地方，现在大多已成了中国城。
当你从桑树街区往下走到布鲁明街（Broome St.），门卫口头骚扰非常普遍（我不知道怎么用英语说站在外面招呼你入内的人）。
当我刚从意大利搬到纽约时，住在照片中这家餐厅的对街，餐厅叫作 Benito Due（Due 是 2 的意思）。

ITALY
ITALY

KINGDOM
WATERPROOFING
& ROOFING CO.
718-434-0020
718-745-7475
BENITO ONE
174 MULBERRY ST. TEL: 212 226-9171
TEL: 226-9171
Benito One
174 MULBERRY ST.

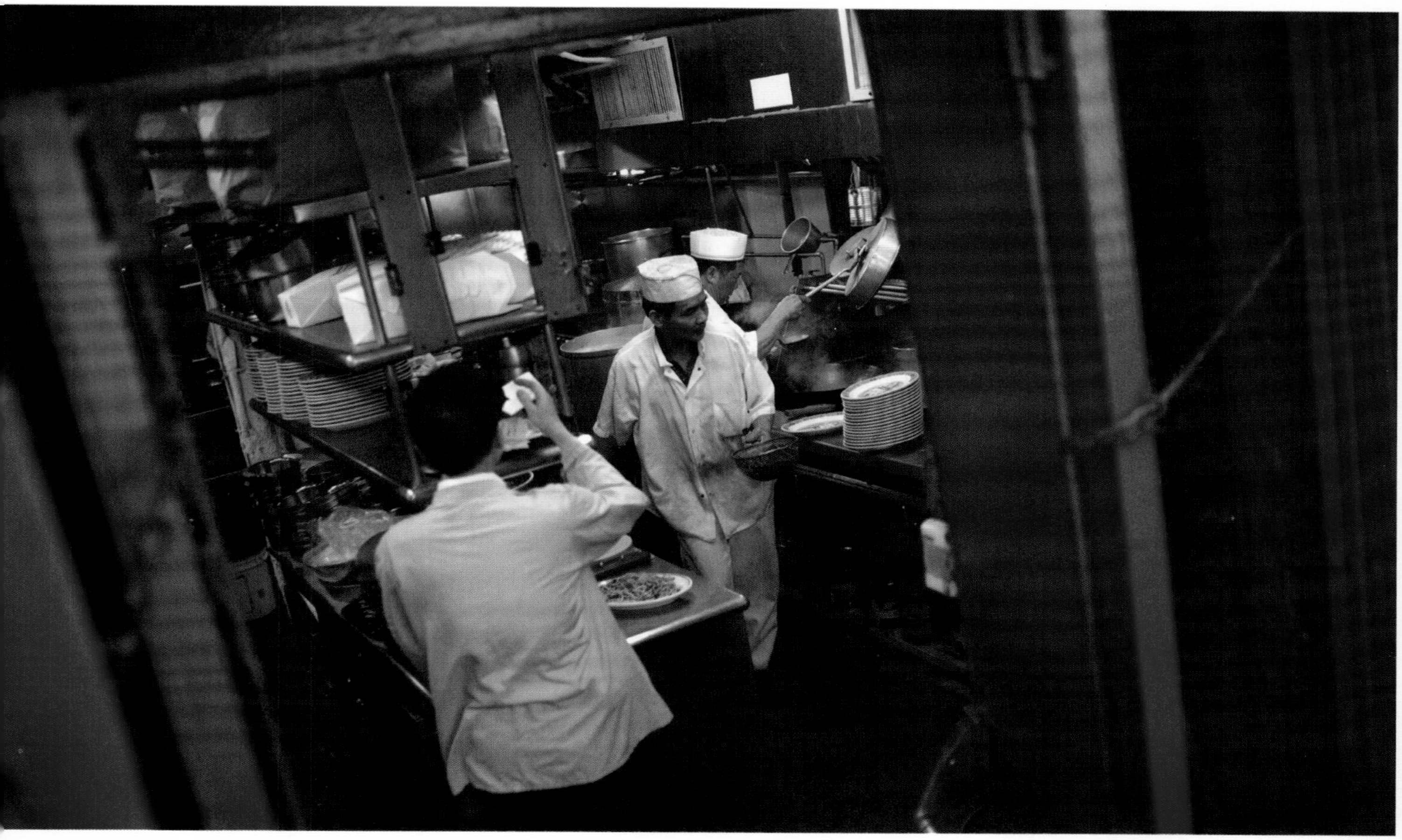

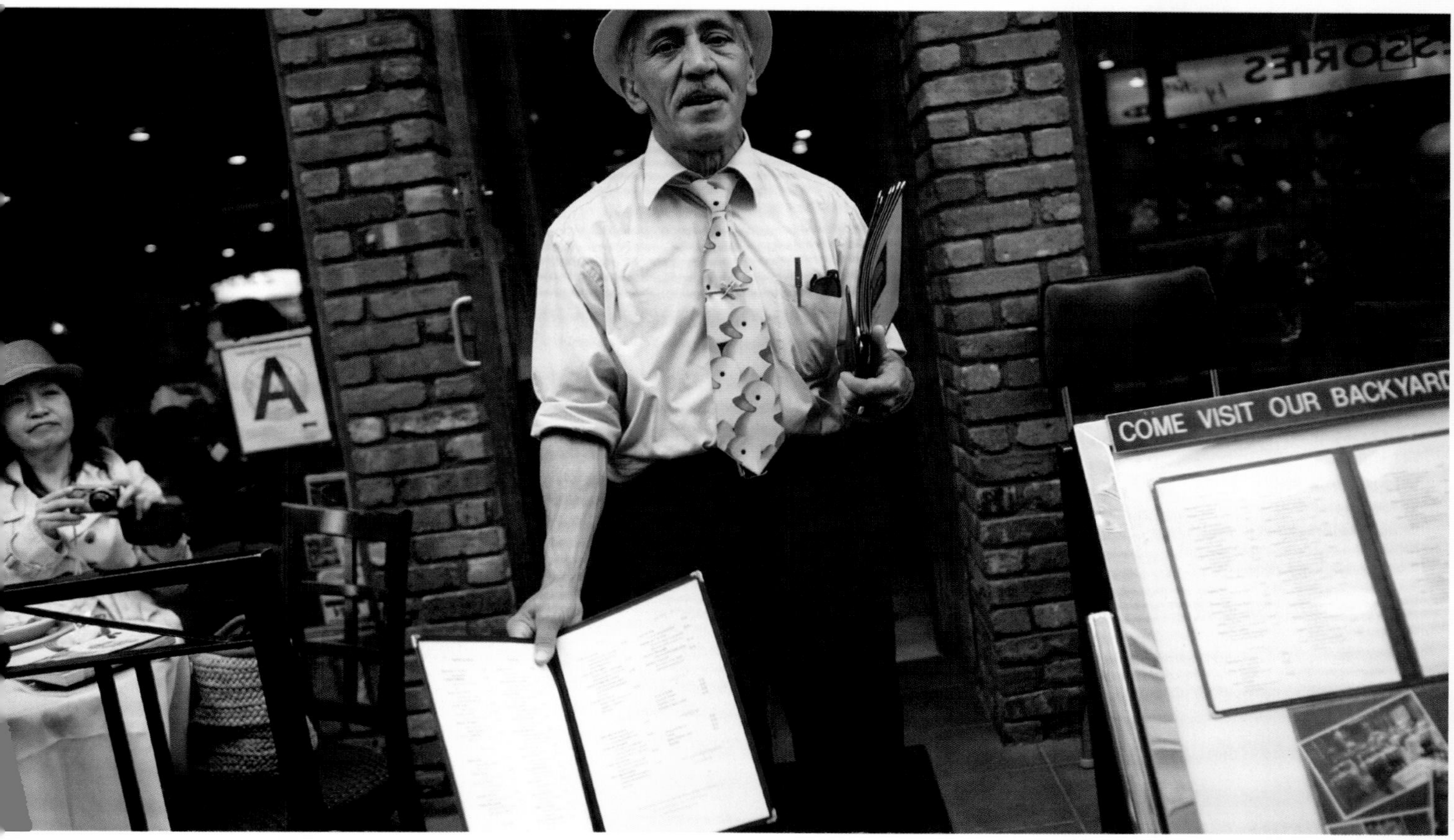
A
COME VISIT OUR BACKYARD

腌熏牛肉的两难

迈阿密最受欢迎的餐厅“麦可正港美”（Michael's Genuine Food & Drink），坐落在时髦的设计区。餐厅的名字想召唤更简单的时代，那是餐厅经营者转向以晦涩文字左右情绪、迷惑食客之前的时代（例如 Alinea，这是印刷时代段落章节的分隔符）[1]。在这时代，顾客只想知道麦可是谁，反之亦然。

过去一年的大半时光，麦可店里最受欢迎的菜是自家做的腌熏牛肉（Pastrami）。我在各大美食博客和网站公布栏看到很多相关报道，有天我搭了飞机亲自去试看看。

腌熏牛肉对我不只是一种惯性需求，而是一种深度共鸣及联系。我们每个人心中都有一盘这样的菜。很少看到菜单上的名字会让人口水直流，它比照片召唤出更多，唤出香气，唤出质感，唤出回忆与期待。你并不期待完美，但你希望完美——是的，你一生都在寻找那一份兴奋、简单、孩子般的喜悦能再次出现，那盘祖母或母亲的拿手菜；或者偶然间，只一次，偶然看到一家距离文明社会 5 小时车程、但已经关门的路边餐馆。只要有人说哪里有好的腌熏牛肉，我会立刻出发找到这家店。

尽管已经准备在网上被大家念叨，我还是对放在我面前的东西感到失望。这不是三明治，而是一大块肉，盖着稍稍煎过的脆皮，里面夹着一大堆高丽菜，附带一小碗俄式淋酱。

总是在高档餐厅看到这类玩玩食物的花招，主厨千篇一律地呈现一些稀奇古怪或“个人诠释”，当作对某一经典菜色致敬，好像致敬的唯一方式就是重新诠释原创，以某种明显手段曲解改变。以抽象概念在任何场域与原创一较高下是值得奋斗的目标，但在实践层面，可能就是令人沮丧的放肆行为。除了想自立门户的需求外，又有什么理由？难道做菜的意义在于改变你认知世界的方式，还是只为了让自己高兴和满足？这并不是说做菜不能是艺术表现，而是“做出新意”这句现代口头禅总是走在“做出美味”前面。

但其中复杂的是：麦可店里的腌熏牛肉还真好吃。事实上做得真棒，甚至比我几天前在迈阿密著名熟食店 Reuben 吃到的更地道（但吃来无聊）的腌熏牛肉还要好。腌牛肉中的面包元素，原本是无聊的输送系统，重要性被降低——改用脆皮暗示，让人将注意力转移到它所承载的东西：肉与酱汁上，辛辣滋味一点一点爆炸。无论它的地道是指什么，这就是地道。

滥俗事物的虚幻

第一次听到“红格子桌布店”时，我才明白自己对意大利食物的想象总来自其他滥俗事物的虚幻上。看完电影和朋友聚聚，友人提议到某家我好几年没去的店坐坐，一个没人再提起的地方：“红格子桌布店”。这个词代表着所有类别的意大利餐厅，它们都拥有以下这些特征，点唱机上的辛纳屈、装着便宜红酒的玻璃瓶、盛着超厚酱意大利面的超级大碗——通常还有呵呵傻笑。

偶尔见到红格子样式印在杂志上流传，旁边放着某位自称爱食物的大厨为现代读者“重新诠释”的食谱，纡尊降贵的态度像西红柿红酱一样厚，依旧不变。

在美食家之间你也可以发现同样的睥睨神情，只要出现某个被认为是私生子的对象：大如 Tex-Mex[2] 餐厅。几年前，我访问一位主厨，他谈到他的野心，希望将来有一天可以开一家墨西哥餐厅，我问他是否会在餐厅里供应 Tex-Mex。“Tex-Mex？”他放声大叫。你大概以为我问他想不想开一家阿米什人[3] 去的夜店。很明显，他认为这个词远在他的层级之下。香脆的塔可、浸饱酱汁的安

1 此指 Alinea 餐厅，是名厨格兰特·阿查兹（Grant Achatz）的餐厅，被《餐厅》杂志誉为美国最佳分子美食餐厅。

2 Tex-Mex 一般称为美墨料理，但其实是受到墨西哥影响的美式料理，属美式料理的一支。

3 阿米什人（Amish），属于门诺教派的一支，主张原始简朴生活，拒绝使用汽车及电力等现代设施。

吉拉肉饼卷、巨大的墨西哥卷饼，这些料理就算是满脸粉刺的青少年拿个炸篮就能做出来，哪里需要真正主厨费工夫。

墨西哥式美国料理和红格子桌布代表的意式风格已被人视为“不正统”，是旧式食物凋零下的残存遗迹，存在于日本寿司、泰国美食及印度料理来临前的时代，出现于下厨做菜变得光鲜亮丽且有自己频道之前的时代，是主厨装上全瓷牙冠接受媒体训练之前的时代。不管是美国的意大利风或墨西哥式的美国料理，极大部分已被视为不幸的妥协，在地区化及特异性被视为某种宗教规范前就出现了。

公共电视主厨、食谱书作者及芝加哥餐厅老板里克·伯利兹（Rick Bayless），以捍卫地方的墨西哥美食而声名远播。伯利兹的餐厅极棒，就像他做过详尽研究、穷究细节的书一样。没有人能否认他做墨西哥瓦哈卡（Oaxaca）美食的热情。凡是看过他的书或电视节目的人，没人能在不受瓦哈卡的启发下转身离去；尽数世界上伟大的美食地区，瓦哈卡必定是其中之一。

但就像《圣经》学者告诉我们的，先知之语的意义往往被侍奉者误解。在伯利兹觉醒后，这情况似乎就发生在热情追随的众多主厨、餐厅业者和美食爱好者身上。出了Taco Bell及得克萨斯州的少数地方，料淹墨西哥饼[1]的爱好者将很难快速找到合意的美墨餐厅。墨西哥式地区料理成为福音，是墨西哥料理中单一且唯一的地道类型。

另一位名厨马雷欧·巴塔利（Mario Batali），在意式料理世界掀起同样的冲击。巴塔利是“意大利微区域料理”的传道者，“微区域料理”是一种比地区料理更高级、更令人兴奋的形式［不是意大利莫利塞地区（Molise）的料理，而是其小小的首府坎波巴索（Campobasso）的料理］。巴塔利本人魅力四射、活力充沛、口齿伶俐。当你看着他，他会让人感觉不是在看他介绍如何正确揉擀比萨面团，而是在目击一场惊心动魄的人类探索。他对美国意大利料理的贡献，大概比两代前的茱莉娅·柴尔德[2]替法式料理做的还多。事实上，他重塑了大众对意式食物的想象。这对巴塔利是好的，显然他的方式被无数餐厅及咖啡店复制，他们有些做得好，有些做不好，但结果都一样：一整个世代的食客不断被灌输，只要看到玉米粥上放了有焦痕的乌贼就是意式料理的精髓，看到意大利面和红酱，就认为只是下层阶级的、上不了台面的东西。

这也是为什么那些没有听过坎波巴索，更别提到过那里旅游的家庭厨师、主厨和电视观众们，会相信巴塔利是因为他的超高特异性。正如马克斯有名的见解：“如果你说那里有大象飞越天空，人们才不会相信你；但你说那里有425只大象飞越天空，大家很可能就信了。”意大利面和蛤蜊真是俗不可耐，但写着“spaghetti alle vongole”的白酒蛤蜊意大利面就是地道的真货。

但另一个文学心灵赖特·莫里斯[3]则以警世者的角色认为，有些厨师自作主张将原始版本妄加翻译，把他们视为正统的使徒则是不明智的。“任何由记忆制造的，”莫里斯写道，“只是幻象。”

多年前，我遇到名叫阿明的越南新闻记者，和他一起在繁忙咖啡馆共进午餐多次，地点就在弗吉尼亚州福尔斯彻奇市（Falls Church）的伊甸中心（Eden Center），距离首都华盛顿只要40分钟的购物商场，其实就是整个塞在蜿蜒郊区商店街里的小越南。每个星期阿明总有几次会来伊甸中心吃饭，他渴望吃到让他想起故乡的家乡菜。他提议要我跟他一起去一家特别的餐馆，他保证那个地方一定“就像我们在家吃的一样”。我们吃了几道菜，之后我注意到每当埋头碗里的他抬起头，脸上总有同样表情。他喝下顺化牛肉米粉（bun bo hue）的第一口汤，浓郁的牛肉汤米粉，他会微微倒抽一下，眼睛周围不由自主打战。

“你不喜欢吗？”最后我问他。

---

1 Sunken Burrito，玉米饼放在下层，上层盖上大量肉酱馅料的料理，看起来就像墨西哥玉米饼淹没在馅料中。

2 茱莉娅·柴尔德（Julia Child，1912-2004），美国烹饪传奇大师，37岁才开始学料理，写食谱、主持烹饪节目，立志将美食普及一般家庭。

3 赖特·莫里斯（Wright Morris，1910-1998），美国作家、摄影家，两度国家图书奖得主。

上图：在 Ace Grinding 老店的瑞奇·托里希和马力欧·卡朋。他们打算把这地方顶下来，再开一家意大利美式三明治店 Parm。如果小意大利有点什么荣光，那就是："永远在改变，永远有一点保持原样。"

"它很棒！"

"像家里的吗？"我想要知道。

"接近。"

"多接近？"我追问。

阿明脸色惨白地笑了。近乎痛苦地承认："百分之九十。"

接近到让他一次又一次光顾——但也远到让脑海中的记忆不断折磨他。他必须在那儿吃饭，但只会加深疏离感与孤独感。我觉得阿明就像屈服在某种精致的酷刑下，一种怪异却凄美的料理被虐狂。努力为正统奋斗的厨师同样也是虐待戏码的受害者。他们会说服客人端上桌的是正宗，但极少极少情形，他们真正再现了原始。任何周遭小事及逻辑因素都会碍事——在弗吉尼亚的简陋市集吃一碗米粉与在西贡街上吃一碗米粉就是不一样。

这是谁的黑豆饭？

我有次遇到一位在华盛顿开南美主题餐厅的大厨，他想把黑豆饭（feijoada）[1] 放入菜单。黑豆饭是巴西的国菜，众所周知的穷人料理，利用便宜食材或富人会丢掉的东西做出来的菜肴，把废物变食物。然而，黑豆饭变成记忆中的料理，一道有着持久的美味的料理。很多穷人美食都以这种方式超越它的起源，像是肉丸子，不是完全遗忘根源就是被主流掩去痕迹。

这位主厨和他的助手，加上经理和合伙人，一群人飞

1 feijão 是葡萄牙语的豆子，这道料理随着葡萄牙殖民和奴役的脚步在南美流传，是把黑豆和牛猪内脏加上蔬菜残料混煮，煮出来全黑的肉菜豆糊，原是奴隶吃的杂碎饭，现是巴西的国民美食。

到巴西花了几星期又吃又研究，观察第一手做出来的黑豆饭，看着不会说英语的老奶奶在炉边出于直觉迅速地层层铺上下脚肉、豆子、蔬菜，不时搅动，慢慢煮。

我坐在主厨餐厅的烤漆桌子旁，听着他解释眼前这道黑豆饭。他说我吃的这盘就是他和团队在圣保罗求来的黑豆饭，但是比他在巴西逗留的两星期中吃到的任何版本都好。好吃的原因是肉都是从美国来的，更在于他和团队都是受过正统厨艺训练的厨师，知道如何把浓重的料理淡化成现在这样，知道如何净化味道。

他显然很期待我会说黑豆饭很棒，是道进化过的黑豆饭，但是有某道障碍隔在我的脑子和盘子间。我一面吃，罪恶感油然而生，好不自在。这道菜从背景情境看来就是很不对盘（一道穷人料理由一家时髦昂贵的餐厅供作餐点），还在最基本的平衡上胡搞（肉向来不是黑豆饭的重点，平衡才是，里面所有元素都不该被凸显）。

想起来实在够糟。你搭了飞机飞到另一个国家，花了好几个星期观察当地做法，然后拿了他们的技术（还有他们的碗盘），把食物带回高档餐厅，变成富有异国情调话语的单品，还要向客人收 24 块美金。你认为你比当地人做得更好，但没想到发明这道菜的人花了几世纪让它变得完美，教你做这道菜的人就是当地人。他这么做，是试图将黑豆饭“迪士尼化”。如果有一天可以在佛罗里达州看到全部东西，那又何必到欧洲？而你还把它变得更干净、更友善也更美好了。

“不纯正”的融合

美食家总觉得名为“融合”（Fusion）的无国界料理很蠢，只是本国食物穿上性感服装，靠着异国情调赚钱。多数美食家对这个词嗤之以鼻，认为“融合”就像“冷掉”（Frozen）一般无可救药地糟糕。但事实上，融合的动力就是人类的冲动，交杂汇整两种不同，有时甚至是冲突的世界，进而创造新的意义。存在坏融合绝对是事实——那盘全新进化过的黑豆饭绝对是人间惨剧——即便如此也无所谓。

最近，我对一家韩国餐馆多有好评。这是一对年轻夫妇开的餐厅，他们想把这家店和安南达尔（Annandale）韩国城中数十家烤肉店和汤面店做出不同的风味。他们决定放弃 panchau 这充满刺鼻味的餐前小菜，也不做家庭式餐馆爱做的小碟菜，如辣泡菜和玉米饼包韩式烤牛肉（Bulgogi）。

这家餐厅饱受附近社区的批评，韩国人吵着说那地方没半点人情味，完全忘了他们的根。我的评论也收到反对声浪，我支持下列说法，一封电子邮件写着“杂种料理”“不算这里也不算那里的料理”。他还问道：“什么时候才要停止这些融合的废话，开始写写什么是‘地道食物’‘纯粹的食物’？”

他吃过那里的食物吗？并没有。但这有关系吗？他只是根据原则说话。他就是知道。

我们不知道我们知道什么

但实情是，我们不知道。

例如泡菜，其实就是融合的结果（这是融合得很好的案例）。没有比泡菜更被界定为正统韩国料理的菜了，但这道料理如果没有中国人引介辣椒，就永远不会是现在这样子。

一切料理之母的中华料理，就是不断融合的演化产物。现代四川菜一向以毫无节制使用辣椒而闻名，但来到世上只有 300 年，无辣不欢。当辣椒从新世界来到这地方，就戏剧化地转了弯，踏上不归路。

也许在受到辣椒嘉惠的各种烹饪文化间，没有比印度受惠更多的。莉齐·克林汉姆（Lizzie Collingham）在她的书《咖喱传奇：风味酱料与社会变迁》（*Curry: A Tale of Cooks and Conquerors*）中提到令人大开眼界的历史，今日我们视为经典印度菜的许多料理，如南印果亚（Goa）的经典料理咖喱鸡，正确来说就是“不纯正的”。像一把无情的火，舌头上一片烧辣，酸味一条鞭似的打下，烫辣让辣味变得更辣——好的咖喱肉就要具备上述特色，但这些不是印度菜本质上的特征，而是葡萄牙殖民主义下的副产品。咖喱肉是加了蒜与酒的炖肉，是葡萄牙文 carne de vinha d'alhos（酒蒜炖肉）省略了元音后的词汇。

在当代，东西相遇是很常见的。在高档的印度餐厅，从旧金山到伦敦，但到头来总是如此，永远是“混搭”。

没有立场的立场

我越思考这个问题，越觉得正统二字也不过就像选择观看的角度，纯粹就是很随意，“单纯主观猜测一点也不纯粹的事物”。

最近，我和马力欧·卡朋（Mario Carbone）谈到他和朋友瑞奇·托里希（Rich Torrisi）合开的托里希意大利特色餐馆（Torrisi Italian Specialities），这家店就开在曼哈顿下城的桑树街。当我和他聊起这个，我有了一个立场（当然，这是完全没有立场可言的立场）。

当卡朋激动起来，听起来就像用十几杯浓缩咖啡灌下不少兴奋剂的人。今天下午，谈起在他餐厅供应的食物，他很激动。

白天的时候，这家店卖的是做得很好、大家眼中的传统意式美国料理，有帕玛森烤鸡肉茄子、球花甘蓝、自家做的莫札瑞拉奶酪。到了晚上，20 个座位的餐厅变成随心所欲的即兴表演舞台。众多菜色中，卡朋想出搭配牙买加肉酱的咖喱小卷面，还要用羊奶奶酪和哈瓦那辣椒 habañero 点缀（食谱见 p.114）——这是对其成长地皇后区的食材及味道的赞叹。另一道则是混搭作品，他称之为“犹太人的法国小面包”（Jewish Crostini）。他把脆皮薄片的甜甜圈涂上奶油奶酪，放上弄成碎片的烟熏黑鳕、鳕鱼子、切成小片的樱桃西红柿和红洋葱，再撒上一点罂粟籽、芝麻、粗盐。外观上看起来是意式的，但吃起来是犹太式的。

卡朋争辩着他的食物不是在玩花样，但事实正相反。“我想到了最后，当去芜存菁之后，我会比其他在纽约的意大利餐厅更正统。”他告诉我。

卡朋是意大利人，在意大利区长大，他餐厅的名字就是意大利文。但是会比纽约其他意式餐厅更正统吗？

“从托斯卡纳来的主厨不会用托斯卡纳以外的食物做托斯卡纳菜。”卡朋说：“他不会。这不是感性的问题，意大利的感性一面在使用最近的东西、最新鲜的食材。如果我用从坎帕尼亚（Campania）运来的莫札瑞拉奶酪，我在做什么？我在进口从远方来的食物，这就不会一样新鲜、统一了，这就不是意大利菜的精神。我们使用当地做的奶酪，这才是意大利式，向最近的食材来源致敬。”

意大利式做菜也意味着向附近环境致敬——也就是你的微型文化——卡朋坚持他也做到了这点。上小学时，他不是回家吃肉丸意大利面午餐，就是从停在学校外面的小餐车包几块牙买加牛肉馅饼。甜甜圈在纽约的料理词语中所占的地位，就像那不勒斯的玛格丽特比萨一样重。

“我在大熔炉长大，”卡朋告诉我，“要我假装是另外一种意大利人，我觉得很虚伪。我的食物是我生活经验的体现。它必须是。意大利菜不是酱汁、奶酪和比萨，而是态度。是一种实践方法。”

卡朋的料理看起来已和我们认知的意大利菜不太像；甚至吃起来，味道也不那么意式，但那又怎么样！料理坦率简单，强调本土特色，且向本土化的影响致敬。它比美国大部分的意大利料理更正统，就像很多好的融合后的料理，因为与旧的沟通，所以创造了新的。拥有多国混合的外在，却有意大利人的内在，执行上毫无正统可言，最后分析却是精神上的正统。

管它是什么。◆

哈罗德 · 马基 实验室传来的信息

口述：哈罗德 · 马基（Harold McGee） 记录：应德刚、彼得 · 米汉
插画：托尼 · 米连奈尔（Tony Millionaire）

碱·性·与·碱·面

在厨房，我们对酸的了解比对碱的了解多太多。
酸性食材包括醋、柠檬汁——
也就是我们用来使食物味道清爽及增加酸味的所有东西。
酸也存在于每日食用的发酵食物中，
如酸奶。碱性食物则比较少见。

我们一般碰到的碱性食物是小苏打，这是我们在做烘焙时用来平衡酸性、产生气泡的东西，但它却不能随便加入日常食物。所以让我们从头说起。碱和酸是相反的，必须从水的特性解读。水可以分解成氢离子和氢氧离子，而酸性食材就是那些和水混合后，水溶液中氢离子比氢氧离子多的食材；碱性食材则相反，与水作用后，水溶液中氢离子较少而氢氧离子较多。

这听起来多么混沌不明。这件事很重要，因为大多数食物都含水，绝大多数情况下都是水、氢离子和氢氧离子之间的平衡会让食物其他成分反应有所不同。糖类、蛋白质和脂肪则对于所处的化学环境十分敏感。

在中美洲，食用玉米的人发现，玉米若先泡过放了贝壳或木炭的水，在烹煮时会比较容易胀大，也比较有营养——贝壳和木炭就是碱性物质。所以在美国的文化中很早就开始用碱水处理玉米，目的是让谷物脱壳或更好处理。

玉米经过碱水处理后，会有一种玉米脆片的味道，这是在墨西哥餐厅绝不会弄错的地道玉米烙饼味，玉米粥虽也用玉米，却没有经过碱性食材处理，就不会有那种粗玉米粉和玉米脆片的香气。由此可知，玉米饼和其他经过碱水处理过的食物是从新世界来的。

说明酸碱在烹饪上的不同还有一个好例子，就是酸碱在褐变反应上的差异。酸性会使褐变很难发生。知道酸面包吧，酸面包酸性很高，因此在烤箱中无法产生很好的褐变反应。所以酸味固然很好，却很难有金褐颜色和焦香脆皮。然而只要你放一点碱做成浸泡液，以德国蝴蝶饼（pretzel）为例好了，让它浸泡一下，就会得到令人吃惊的焦香脆皮。德国蝴蝶饼的烘烤时间很短，在这么短的时间内很难让它产生褐变，但只要在烤前泡过碱水或用碱水煮一下，褐变的速度就会快得多。

所以为什么要在面条面团中加入碱性食材？除非你要把面条下锅煎，褐变的因素不在考虑之列。那为何要找麻烦？嗯，事实证明，在面团中加碱对面条的质地、颜色和风味有显著影响。

改变面团的化学环境，面团成分的特性也发生变化，且是朝数种理想方式变化。首先颜色改变了。在碱的环境中，面粉中通常看不到的色素会被看见，呈现黄色调。面筋蛋白质（一种会让面条结构变坚实的蛋白质）的交互作用也改变了，面团变得更结实。这也许不太容易了解，但显然面筋分子间的筋结在碱性环境中变得更强固。

碱面的风味十分独特，是世上最大的谜团。风味是食物带给我们的极大欢乐，同时也是我们对食物所知甚少的面向。

最后，碱对面的味道也有影响。碱面的风味十分独特，是世上最大谜团。风味是食物带给我们的极大欢乐，同时也是我们对食物所知甚少的面向。当你在烹调碱面时，突然发生某件事，以致产生独特且愉快的风味。我们知道酸的味道，带点酸，有些刺激。碱的味道则难以辨认，但在嘴里有滑滑的口感。如果你拿一点小苏打放在水里混合一下，然后滴一滴在舌头上，就会明白我在说什么。虽然味道有点苦，大致就像肥皂那种感觉。在面团里放的碱越多，最后就越有那种滑滑肥皂般的感觉（要过了某一点才开始觉得味道不太好）。然后越来越有蛋味。很奇怪，没有加蛋的面条配方竟然会这样。

正因为这些特质，碱面在亚洲的汤里表现特别好，也就是在热液体中特别有作用，让它有别于一般的面条。面条浸泡在液体中会化掉，除非它们在颜色和风味上有特别之处，加碱可以强化两者。

但也许比这两个元素还重要的是，碱对面体质地产生的影响。如果你把面条放入热水，一定会化掉，因为蛋白质会分解。但碱面面条就会慢得多。

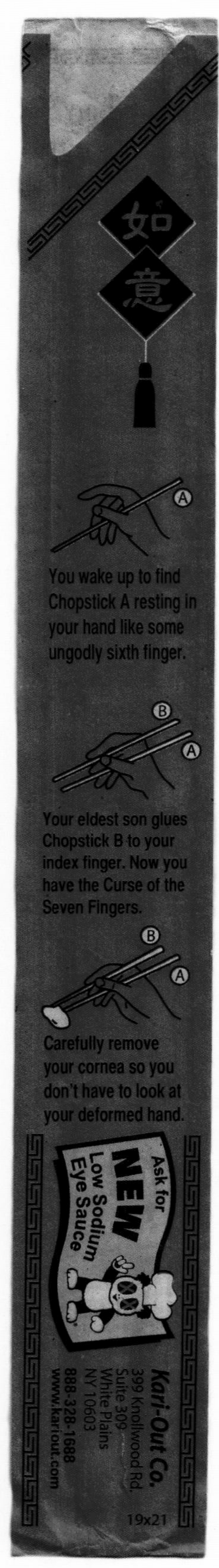

我一直好奇，碱面一开始是怎么来的。我努力发掘，但起源不明。最初的文字记录似乎是来自中国南方。推测是因为那里的气候比中国其他制面的地方都来得热和湿，加碱一开始可能是让面的新鲜度维持较久的方法。如果在温暖的环境制作面团，最后就会变成酸面团。解决的方法就是加入不酸的东西，如碱性食材，来中和酸性倾向。但这是猜测，事实如何并不确定。只知道面条加碱好像源自中国南方，我们过去都有一段必须防止面团酸化的日子。

在中国和亚洲，会加入面中特定的碱性成分，通常包括钾和碳酸钠，它们可不是没事就躺在厨房的东西，而是钠、钾等金属碳酸盐，在亚洲是标准食材，在西方则不是。

反正，你可以用小苏打制作属于自己的版本。把小苏打以低温烘烤，约93℃或121℃，烤一小时左右，就可以借由低温作用，把小苏打的碳酸氢钠变成碳酸钠。现在还少了碳酸钾，但我发现只用碳酸钾效果最好，会把你需要的碱面特性发挥到最大。

工业上，标准比例碱盐重量是面粉重量的1%，而碱盐可以是碳酸钠或碳酸钾。我发现（工业报告也如此说），如果碱盐用太多，面团会很难成形，而且会发出非常非常强的味道——你会真正吃到碱的味道。即使碱盐分量加对了，这种要做碱面的面团，对我来说非常困难，因为揉面太费劲了。但我最后利用了一些小技巧，让它真的变得比较简单。我发现这就是好好利用厨房用具让生活好过些的时候，要我再揉面，我连试都不想再试。

我只是把水、碱盐和面粉放入食物调理机，最后出来的东西就像沙，而且放在调理机的水不够，无法做出面团。我取出这团沙，没有揉擀，直接压成面团，再用意大利制面机擀面，只是用擀面机把面团压过来压过去几次。我这是参考商业用碱面制作技巧的文献而想出的法子。基本上就是这样做的。他们用非常少的水，一开始做出像沙子一样的混合物，然后就开始压擀它。这方法用意大利制面机在家复制实在很简单。◆

味·精·与·中·国·餐·馆·症·候·群

在1968年，《新英格兰医学杂志》（*New England Journal of Medicine*）的编辑收到一封信，上面写着当这封信的作者和朋友去中国餐厅吃饭后常常会出现一组不愉快的症状：背部与手臂麻木、心悸和全身虚弱。这封信不是科学报告或医学报告，而是一封向编辑提出问题的信——换句话说，每个人都能写。写信的人是位医生，但他的专长不在味精化学，他只是怀疑他和朋友的症状是否跟吃中国餐厅有关。

他还写到中国餐厅通常会使用味精调味，是中国餐馆和其他餐厅明显不同的地方——吃下大量味精也许与这组症状有关。杂志将这封信下了“中国餐馆症候群”的标题，连同其他感谢函放在下次同标题的刊物中。寄给编辑的信件得到的关注往往比它应得的还要多，这就是部分原因。媒体只撷取吸睛标题，忽略了这些信件事实上大多只是质疑，也鼓励大家相信味精就是某些去中国餐馆用餐者出现症状的原因。味精相关议题一夕之间由疑问变成

好像真是这样。接踵而来的是几十年间人们对味精的担心，有更多人觉得自己有中国餐厅症候群，变得对用餐之后的各种不悦反应更敏感。世界各地的机构、医生、政府开始研究味精对人体的影响。

味精就是MSG，是食物中非常普通的成分，不只出现在中国餐馆，也出现在我们喜爱的各种食物中。

MSG是monosodium glutamate的缩写，就是谷氨酸的钠盐。我们都非常熟悉从盐来的钠就是氯化钠，它的无毒性到达标准。谷氨酸的成分让味精得以成为味精。谷氨酸是一种氨基酸，氨基酸是蛋白质的构成分子，而蛋白质是身体的组成成分。让我们身体运动的肌肉纤维是蛋白质，细胞里启动分子的微小马达也是蛋白质。

没有证据显示味精导致中国餐馆症候群的症状。

但有件重要的事得知道：往后数百篇研究都找不到证据显示味精导致中国餐馆症候群的症状。这件不幸的小插曲告诉我们很多事，有些现象是我们吃进去的食物造成的，有些只是它们可能造成的，因果之间若有人提出解释，我们必须很仔细地看清楚。吃是很复杂的议题，饮食是很复杂的议题，食物则是非常非常复杂的材料。通常要从某种食材画一条直线连到某种特定症状或问题，是十分困难的。而在味精这件事上，文件数据再清楚不过了：食用各种形式的味精与所谓的中国餐馆症候群的症状毫无关系。

如果你喜欢吃西红柿，理由之一可能是你喜欢西红柿中含有比其他蔬菜都多的天然味精。如果你喜欢陈年帕玛森奶酪或熟成牛排，理由可能是这些食物在熟成过程中蛋白质分解出较多氨基酸，而氨基酸里面就有谷氨酸钠。帕玛森奶酪和熟成牛排是食物中含有谷氨酸钠成分最高的，这也是它们会好吃的原因。

谷氨酸钠的风味十分独特重要，以致这种味道有自己的名字，也是过去数十年在专业厨师间讨论最多的味道。它的名字是鲜味（Umami），是个没有清楚简单定义的日本词，通常等于“鲜美”或“咸香”。

日本人发现这个基本味道，便用日本词命名。研究日本高汤汁（Dashi）的科学家发现关键在于谷氨酸钠，它在某种特殊的海带（即昆布）中特别多，昆布就是用来做高汤的材料。

所以味精是出现在日本基本高汤中的天然食材，不是现代制品，不是生化食材，没有工业加工。在其后的几年中，其他日本科学家在咸鱼、海鲜和香菇中也发现具有鲜味效果的因子。

几十年前，日本提出鲜味是基本滋味。西方科学家抗拒这想法，并说，证明方法应在味蕾上找到味精特定的受器。嗯，这事正好发生在10年前。味精的味道是基本滋味，对厨师的意义在于，烹饪时厨师必须做出具有全部风味的料理，你无法忽视鲜味，无法忽视谷氨酸钠，以及味精的同伴——鲜味分子。

实际上的意义在于，如果你在做菜，或在最后一秒调味时想改善这道菜的味道，要问自己这道菜的味道是否达到平衡。味道是否包括甜、酸、咸、苦和鲜味。谷氨酸钠在整件事中扮演部分角色，而不是唯一角色。

当你把菜色组合起来，可以问问自己是否放入了带有鲜味的材料，像是西红柿、帕玛森奶酪、熟成的肉、褐变过有焦香的肉、香菇、高汤和其他经过长期发酵的食材（鱼露、酱油，甚至葡萄酒醋或雪利酒醋）。

这些东西都会增添并加深风味。如果你因为吃到这些食物而感到不适，才是“太好吃停不住症候群”。◆

RECIPES

面、汤及其他

新鲜的碱面就是拉面。以下介绍它的食谱。自己做的面比买现成的要好很多——风味绝佳，会让搭配的酱汁和汤头比原来的加倍好。

并不是说汤头不重要。我们也列出几种配方，包括这些日子还未在 Momofuku 拉面吧发表的版本。

也请在这些食谱找到以下重点：一些与面有关的概念、一些拉面的配菜，以及一整个花哨到不行的蔬菜高汤料理。

——彼得·米汉

新鲜碱面

哈罗德·马基在《时代》杂志上发表了一篇碱面的食谱，当期杂志介绍了我和大卫·张对于烘焙小苏打“改变东西形态”的想法，也就是把碳酸氢钠转变成碳酸钠，这就是“碱盐”的概念。

之前，我们总以为在面中加碱盐的唯一方法是使用碱水（在中国城可以买到包装碱盐），不然就是用食品加工业的工业用管装碱盐，所以不管谁想要轻松在家制作新鲜拉面似乎是不可能的事。但是有了马基的技术，不可能就完全可能（而且绝对必要）。

依照马基食谱把碱面做出来的人是 Momofuku 厨房实验室的丹·费德（Dan Felder），他这版算是 Momofuku 拉面吧手工拉面食谱的变形。我们揉面的次数大概比马基揉面的次数多得多，我们的拉面才能变得超有嚼劲，也能在碰到热汤时依然 Q 弹。

这些面太棒了，在我的冰箱里就有一大批包好的新鲜拉面，是世界上最真实、新鲜的碱面。**——彼得·米汉**

食材【2人份】

3 大杯（400 克） 中筋面粉
4 大匙（12 克） 烘焙过的小苏打
½ 大杯（100 克）热水
½ 大杯（100 克）冷水

制作烘焙小苏打

半杯小苏打撒在铺了铝箔纸的烤盘上，放入 121℃的烤箱或吐司小烤箱中烘烤 1 小时。如小苏打还有剩，请放入有盖的罐中，可无限期保存。

取一大号搅拌盆，先放入热水再放一些小苏打，溶于水中，再加入冷水，然后才是面粉，搅拌成粗屑颗粒状的一团，样子看来不像好面团的面团。

粗屑颗粒状的面团。

粗砾状面团拿到工作台上揉和，要揉足 5 分钟。（这块面团会跟你做过的面团相比更像坚强的拳击练拳对手。）揉好后用保鲜膜包覆放在室温醒 20 分钟，然后再揉 5 分钟（这时候会想骂脏话，还会流汗）。再用保鲜膜包好，放入冰箱发酵至少 1 小时。

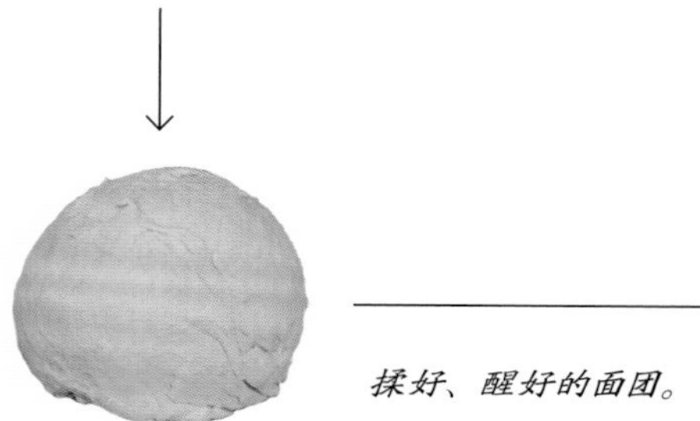

揉好、醒好的面团。

面团分成 5 到 6 份，用制面机把每份擀平（意大利制面机也可以），调好压面口口径大小后就一个接一个放入，至于最后面条的厚薄全看个人喜好，而宽度和形状则看你如何切。我喜欢将擀面口调到第二小的地方再放入面团，然后不是用手切成细条，就是用两个切面口中比较细的那个切面。再撒上一点面粉防粘。

擀平的面团。

完成

煮面要用深锅装一大锅水来煮，煮细面的时间只需花 2 分半或 3 分钟。煮面时，要不时留意检查。如果面条粘在一起，从锅里捞出来后立刻泡冷水，停止面体继续熟透，冲掉多余淀粉。

意大利小卷面P.S.46

P.S.46 这名字取自我在皇后区念的公立学校。每星期约有两次机会我可以从学校外面的餐车吃到牙买加式的牛肉馅饼（包着重口味牛肉内馅的薄脆饼）。在城外的小酒馆或比萨店，牛肉馅饼更是到处都有，所以我和瑞奇·托里希可说是吃牛肉馅饼长大的。

这道料理算是我们在世上打拼后的和解之作——牛肉馅饼和我们在家吃的食物：肉酱意大利面。我们把牛肉馅饼的脆皮拿掉了，通常皮上会带一些红木果实染成的黄色，换成咖喱口味的意大利小卷面（Cavatelli），并拌入浓厚牙买加风味的肉酱。最后用羊奶酪结尾，就像向牙买加山羊咖喱微妙致意。

小卷面 P.S.46 可说是羊咖喱料理，是牙买加式的牛肉馅饼，是美国意式小馆的星期天肉酱。在不同层次上，小卷面 P.S. 46 有不同意义。——**马力欧·卡朋**

食材【2人份】

1份食谱需要	咖喱口味的小卷面
¼ 大杯	牙买加辣酱
2磅	牛绞肉
1.5 大杯	牛高汤、鸡高汤或肉汤
1.5 磅	洋葱，去皮切成粗条状
1磅	西红柿，切成 1.2 厘米小丁
4瓣	大蒜，切碎末
5–8 厘米长	生姜，去皮切细末
1小匙	糖
2大匙	橄榄油
1颗	墨西哥辣椒（去籽，要辣一点则留下芯），切成细末
2颗	哈瓦那辣椒，去籽，切成小圈
½ 大杯	烘焙过的小苏打
2大匙	奶油

牙买加辣酱

做这个配方需要磅秤。

食材

22.5 克	胭脂树籽（annatto seeds，又叫印度咖喱籽）
2.5 克	五香子
9克	孜然籽
12 克	芫荽籽
30 克	黑胡椒粒
18 克	豆蔻粉
42 克	姜黄粉

如果需要可分批制作，磨碎所有香料，放入容量刚好的有盖容器中，搅拌均匀，需要时也可分批使用。

综合羊奶奶酪

在托里希餐厅制作综合羊奶奶酪时，所用的羊奶乳清和牛奶乳清比例为 3∶1。如果你手边没有羊奶乳清，请用成分 50 比 50 的羊奶奶酪，质量好又新鲜的 chèvre 就可以，口感吃起来不会粉粉的，然后再混合牛奶乳清。

开始先做“馅料”

橄榄油放入广口煎锅以中高温加热，1分钟后加入洋葱，等5分钟后再开始拌炒，以大量盐调味，然后将火转到中低温。如此做的目的是要做出又甜又软又带有金褐色泽的洋葱。在合理却不过度的照料下，炒洋葱的时间约需 45 分钟。

当洋葱好了，加入大蒜、生姜、墨西哥辣椒（Jalapeño），仍以中低温持续加热，再拌炒约 15 分钟。必须炒到煎锅里水分都干掉而没有东西烧焦，注意过与不及往往就在一线之间。

咖喱风味意大利小卷面（代替馅饼脆皮）

马力欧替 *Lucky Peach* 的影片版用蛋黄做了示范，但以下食谱是他在托里希意大利特色餐厅做的真实配方。

食材

6 大杯	中筋面粉
3 大匙	植物酥油
1 大杯 + 3 大匙	热水
½ 小匙	盐
½ 小匙	小苏打粉
2 小匙	姜黄粉
2 大匙	牙买加香料

1. 所有食材放入直立式搅拌机的大碗中，混合搅拌直到面团成型，时间约需 2 分钟。面团用保鲜膜包好放着醒面，发酵时间少则 10 分钟，多则可到数小时。
2. 面团用手压成不到 2.5 厘米厚的圆饼状，再切成细条，宽度要细到可塞进意大利小卷面压面机。然后将细条塞进机器，把小卷面压出来。之后放入冰箱或冰库，需要时再拿出来。
3. 烹煮方法：用盐水煮 3 到 4 分钟。如果没有做小卷面的机器，就把面团用普通意大利制面机压过，口径不要往下调，就让它通过最细的切口，然后将意大利面切成小条就可以了。

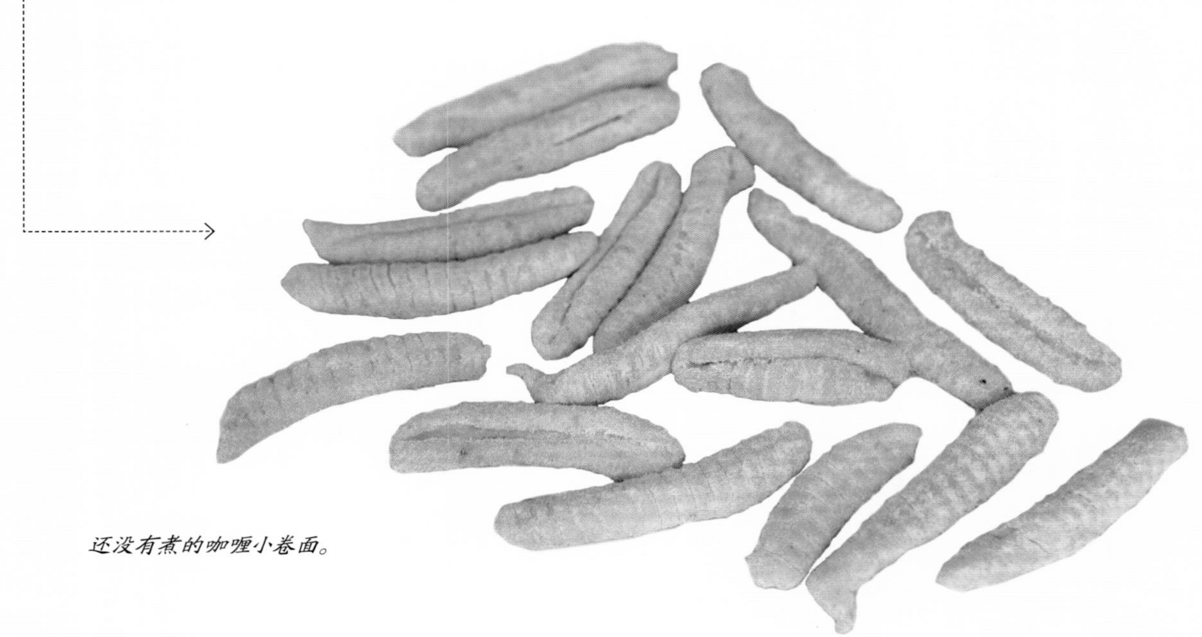

还没有煮的咖喱小卷面。

当锅子炒到差不多干了，这时加入新鲜西红柿，火力需要调大一点，调到中火。再继续拌炒，炒到 80% 的水分都干掉，锅里的酱料颜色变深、变浓稠，有点面糊状但又不是太过结实。

加入牙买加五香粉，再煮 5 分钟，不时搅拌，让锅里的酱料更浓稠。

煮好的牛肉和炒出来的油一起放到洋葱西红柿酱料里，加入一撮糖及高汤，半盖上锅盖，留一点空隙。再把火调低，用小火慢煨 1 到 2 个小时，让风味融合。每隔半小时就搅拌一次并试试味道，如果想让所有材料都融成一体，变成肉味浓厚的酱料，调味次数绝不可能只有一次。酱料可能要下很重的盐，也许需要一些胡椒，或许也要加些橄榄油稀释，请听从舌头的指令。

用哈瓦那辣椒装饰

当酱料用小火慢煨时，哈瓦那辣椒一面要接受“托里希式的伺候”，也就是放在最小的酱汁锅，加入适量油，橄榄油、葡萄籽油、芥花油，什么油都可以，在油里稍微泡一下，用最小火慢慢炮制，炼到辣椒变软，时间约需 15 到 20 分钟。炼好后，锅子离火，辣椒保留备用，也可以在一天前先把辣椒做好。

完成

咖喱小卷面下锅水煮，捞出沥干，加入放肉酱的锅中。（如果肉酱煮好后，中间要隔很久才下面，可以把小卷面先沥出来，水倒掉，再把面倒回去，然后把肉酱加入煮面的锅里。）锅里的酱汁和卷面必须煮上 1 分钟才会融成一体，加入奶油，然后拌，拌，拌。最后将面分入碗中放好，每一份撒上一些羊牛综合奶酪及几片托里希的哈瓦那辣椒，即可享用。

在另一个锅子

当你把所有配料都煮化成为超有滋味的牙买加酱底，此时用另一个平底锅炒肉末。先热锅，锅子口径至少要像长柄小锅那么大。加入绞肉、大把盐，用汤匙把肉末压开，把肉煮透，甚至煎到有些褐变，但不要为了肉要带褐色而冒险炒得又干又柴。

牙买加五香粉。

请见 p.90 陶德·克里曼的文章《地道美食》中有关瑞奇、马力欧及托里希餐厅的报道。

插画：莉塞儿·艾希拉克（Lisel Ashlock）

辣拌面

策划这个主题时，我们计划了一场和托里希餐厅厨师瑞奇和马力欧的 PK 赛。重点设定在以蛋为底的意大利面和碱面的大对抗。本来以为他们会做放在意大利肉汤里的意大利饺，而我就做亚洲风的汤拉面，这样就可以让碱面放在汤里的优异特色大大露脸。面条放在汤里一定撑得比意大利饺子久（虽然面条在热汤里焖上一会儿还是会煳掉）。

距离比赛的时间越近，他们居然决定要做肉酱面。这更好了，我心想：2012 年我吃过最棒的面是辣拌面，是米汉的朋友顺琪[1]带我去吉隆坡的“建记辣椒拌面”（Restoran Kin Kin）吃到的。这实在太简单了：黄色的碱面条、简单的肉燥、稀溜溜的溏心蛋、一坨小鱼干，以及疯狂美味的辣酱。

前往托里希餐厅前，我还打算偷用瑞奇和马力欧的肉酱——我想拿意大利人的食物做出亚洲风味的料理，只要加上一瓢我的马来西亚辣酱就 OK——但他们最后翻盘要做咖喱肉酱，我如果偷用就太明显了。

绕了一大圈最后还是回到原点，我做了肉酱。但肉酱对这道料理不是太重要。肉酱应该要有浓厚的肉味，就是这样。请按照 P.S.46 那道料理中的肉酱（见 p.110）来做，做出来的肉酱就该像它一样美味。或者你想从原点开始，就从把洋葱褐变开始吧！再加入混着大蒜、黑胡椒、花椒的猪绞肉。

我不知道要去哪里买马来西亚小鱼干，所以用日本市场买回来的沙丁鱼小鱼干代替，味道也没有差太多。下面这道辣酱的食谱远超过几人所需的量，但它可以保存很久，所以没有理由只做一点点。**——大卫·张**

---

1 马来西亚时尚品牌 Thirty-four 的创办人及创意总监 Shuenn Kee Chong，张顺琪（音译）。

食材【4人份】

3-4 大杯	肉酱，如 P.S.46 那道牛肉肉酱
½ 大杯	小鱼干
1 次分量	4 份碱面（见 p.108）
6 根	大葱，绿色与白色部分都要，切细丝
4 颗	慢煮水波蛋（或普通的水波蛋，随自己喜欢）
+	盐
1 大匙	辣酱 上桌前可再加

小鱼干

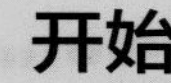

开始

一大锅水煮开，酌量加盐。

辣酱（辣拌面酱）

食材

1 盎司	虾米（约 1/4 大杯）
1¼ 大杯	葡萄籽油（或其他中性油）
1 大杯	红葱头，切细末（约 4 大颗）
8 瓣	大蒜，切细末
¼ 大杯	花椒粒，磨碎
2 大杯	干辣椒（最好是亚洲薄皮辣椒），磨碎
1¼ 小匙	虾酱

1. 虾米用温水泡在碗里 15 分钟软化。
2. 中火加热酱汁锅里的油，最好用深锅（以防油爆）。热油 1 分钟后，把所有东西加入锅里，翻炒爆香约 5 分钟，炒到红葱头和大蒜的颜色变成金褐色。此时将火关到中低温，仍不时翻炒，炒 20 分钟炒到酱料都快干了。此时的酱汁可立刻使用，但是放隔夜会更有味道。用有盖的罐子装起来放在冰箱，保存时间长到就算吃完了还可以放。

虾米

虾酱

同时间

把肉酱回温。加入一把小鱼干和几汤匙辣酱。搅拌煨煮 1 分钟，煮到小鱼干软化。试试味道，如果还吃不出来小鱼干和辣酱的味道，再加一点小鱼干和辣酱（但也不要加太猛，因为等一下就会用更多）。

面煮到刚好熟的程度，时间最多 3 分钟。捞出沥干，分装到 4 个碗中。

开始

在每碗面上加一颗蛋及分量平均的肉酱、红葱油、剩下的小鱼干，做好立刻享用。辣酱可以放一旁一起上桌。如果客人喜欢，可以鼓励他们多加一些辣酱——至少加 1 汤匙，会让嘴巴冒火。马来西亚人都放一大堆。

做好小卷面团正在休息的马力欧·卡朋，他看着身旁的大卫·张用酒瓶跟碱面面团搏斗。

MOMOFUKU拉面汤2.0

这些年，Momofuku 拉面吧的拉面汤头有了些许变化（材料从培根切片变成培根碎肉，不但省钱，艾伦·班顿的培根下脚料也能物尽其用），但主要配方还是用班顿培根做的培根汤、大量鸡肉和烤过的猪颈骨。

但在 2010 年，基于环境和经济因素，我开始对减少拉面汤头的用肉量产生兴趣，而这却成为 Momofuku 拉面吧和 Momofuku 实验厨房经营者的挑战，思考该如何落实。

实验室的研究员大丹和小丹想出了以冷冻脱水肉做出的拉面汤，成果还不错，喝来非常清爽、香甜，我想未来总有一天我们可以或将会以冷冻脱水肉制作高汤，但现在这种肉还无法达到我们的需要和质量。我们说的是贩卖用的冰冻干货，看看哪种干货可以制作高汤，问题是：我们可以把上好的猪或鸡加工成冷冻脱水制品吗？是不是符合成本效益？（冷冻脱水机动辄要上百万美元，我们目前还负担不起。）

研发泡面汤头时，我们在华人超市找到一种很像味精又不是味精的东西，叫 Sodium-5，可能部分或全部由干香菇粉末制成（华人的成分清单总是有很多想象空间）。不过这东西超怪异，从来没见过，却很美味，可以撒在食物里，产生味精般的风味，却不会让人说：“嘿，这里面加了味精。”就这点来说很吸引人。

这让我想到我们餐厅地下室堆着一大袋又一大袋的香菇，那么大的袋子总得挪出位置来放。如果我们把这些香菇全都磨成粉，而不是原封不动放着，起码会空出一个柜子，各位这就是钱啊！——房地产可不是拿来浪费的！

所以 Momofuku 拉面吧的助理厨师泰·哈特菲德（Ty Hatfield）和肖恩·海勒（Sean Heller）被调去磨香菇。因为研磨，我们买来堆放的香菇体积大幅缩小，体积一缩小，放在汤里的强度和鲜味就增加了。[我们假设香菇粉的溶解度增加，汤里就会有更多鲜味，就有更多鸟苷酸（Guanylate），高汤也就更有味。]

因此，哈特菲德和海勒钻研出香菇粉的添加比例，决定要改善老配方的不足之处。当他们做到的那天，哈特菲德发了一封电子邮件给 Momofuku 餐饮集团的所有厨师及行政主厨，说明制作程序：

送件者：Ty Hatfield

日期：2011/2/4，周五下午 6:45

主旨：拉面高汤收件者：各位创意家

大家好，

去年夏天，大卫一直要我们想法子改变拉面汤头，目标是要用较少材料做出比原来的鲜味高汤更美味的汤头。而完成此项目目标材料，近来讨论的方向是使用冷冻干肉制品和香菇粉。

目前，我们并没有达到对冷冻脱水肉用量的共识，不知道需要多少冰冻干肉才能做出拉面汤头。但我们手上有很多干香菇，所以初步做了几批高汤，只用香菇粉换掉整颗香菇，其他材料则保持原状。其他材料有昆布、干香菇、鸡背架子或鸡颈骨等，加上少量综合香草，结果就能熬出美味高汤，但自认可以做得更好。

我有个异想天开的想法，用昆布、干香菇粉、烤过的大葱和红味噌做出全素汤头，试过味道后觉得并不合适，也许做素拉面很好，但也仅止于此了。

这让我们想到，也许以肉为基底但是浓度清淡的汤头仍然可行。所以我们决定改变尝试，只以昆布、干香菇粉、鸡和各种提香料做出清汤，也尝试各种不同分量的香菇粉，结果发现香菇粉的用量只要目前用量的 2/3 不到就可以达到同样风味。最后我们决定只用昆布、香菇粉和鸡就够了。

至于 tare[1]，也需要做些调整。时间久了，制作拉面酱料的方法也需要改进和重新评估。

我们尝试：

- 加入干贝
- 煮久一点
- 加入班顿培根切下来的边肉

为了降低有人会对海鲜过敏的概率，我们决定拿掉干贝，把酱料熬久一点，还在原始材料烤鸡骨、酱油、米酒、清酒外，多加了培根边肉。培根加在酱料中而不是高汤中，这样培根就不会煮得过久，风味会更鲜美。

我们也决定在拉面最后盛盘时另外再加一些班顿培根熬出来的油，风味的确因此更鲜明。

所以这碗拉面汤头花的钱比原来的汤头少，风味却与原始材料做出的汤头雷同或更丰厚。总之，新汤头只有昆布、香菇粉和鸡骨架，没有火腿肘子或猪颈骨。新的酱料需要熬久一点，也要另外加入培根碎肉。

今晚我们会用新汤头招待客人。

请来 Momofuku 吃碗 momo 拉面吧！

这就是我们的招牌高汤和酱料，Momofuku 餐厅菜单上的每道料理都有它。以前要加高汤的菜肴，现在都换成鸡清汤；凡要加酱料的料理，现在都放了一些班顿的爱心。对于某些用高汤做出来的东西，我们改了一些调味，但加了酱料的料理则普遍变得更美味。

我真的很满意伙伴们的努力，做出现在的汤头。我认为只要持续努力，持续尝试改进汤头，我们的招牌汤头就能继续成长及改进，这个拉面吧的招牌并不是可以随意更动的。所以以下就是 Momofuku 拉面汤头 2.0 版。这版本很好，但我期待下一次的版本。**——大卫·张**

食材【5份1夸脱的汤】

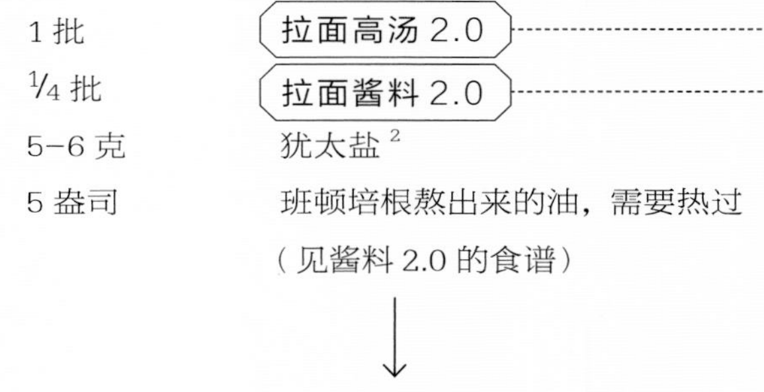

1 批	拉面高汤 2.0
¼ 批	拉面酱料 2.0
5–6 克	犹太盐[2]
5 盎司	班顿培根熬出来的油，需要热过（见酱料 2.0 的食谱）

↓

拉面高汤放入酱料及盐调味，
再将调好味道的高汤分装入 5 个热碗中。

↓

每碗汤中舀入一些培根油，
此时可搭配任何你想搭配的东西。
从新鲜碱面和一堆炖猪肉开始也不坏。

1 tare 是日本基本的烤肉酱，会加入拉面高汤当调味酱料。

2 犹太盐（kosher salt）是犹太教徒用来撒在肉上洗净血水的盐，因为含碘量低，不易受潮，极受厨师欢迎，是西方主要的烹饪用盐。

拉面高汤2.0

食材【比$1\frac{1}{4}$加仑多一些】

2 盎司	昆布
$1\frac{1}{4}$ 加仑	水
1.5 盎司	干香菇，磨成粉
5 磅	鸡背骨和鸡颈骨
+	一把大葱切下来的剩料（葱根和葱白）

1. 用大汤锅把水加热到 66℃。温度到达后把火关掉，昆布泡在热水中 1 小时。
2. 昆布捞出丢弃，加入鸡骨头，用小火慢煨鸡汤，并且在煨煮过程的前 15 分钟捞起汤面的浮渣。加入香菇粉，调整火力，让高汤维持缓慢加温到要滚未滚的状态，虽然有时会有几个泡泡浮到水面，但绝不可以让汤大滚，就这样慢熬 5 小时。
3. 煮好的鸡汤过滤并放凉，Momofuku 餐厅在过滤前还会捞一次浮渣。你也可以这样做，或者直接过滤，放凉，再过滤。不然就把汤直接放着，这样的鸡汤虽然浑浊些，但也因为东西都在，汤并不会不好喝。若要做成高汤成品，还需将鸡汤浓缩成一半的量，如此，储藏搬运都比较容易。要用时，我们会取 3 份浓缩高汤搭配 7 份的水，如果你选择不要把高汤浓缩，要用时就加 2.5 夸脱的水到高汤里。

拉面酱料2.0

食材【比2杯少一点的酱料】

1 份	鸡背骨
$\frac{1}{2}$ 大杯	清酒
$\frac{1}{2}$ 大杯	米酒
1 大杯	淡口酱油
$\frac{1}{3}$ 磅	班顿培根，或其他有浓厚烟熏风味的代替品食材

1. 鸡背骨放入酱汁锅入炉烘烤，等一下要做酱料时还可用同一个锅子。
2. 一开始先将烤炉温度调以低温（121℃）将鸡背骨烤几分钟，油因此会被逼出一些，这些油可直接用来做酱料（不然直接在烤盘上加些许油，放在炉上以中高温稍微煎它一下）。之后把烤箱温度转到 205℃烤 20 分钟左右，不时戳动、翻面，你需要的鸡背骨必须带有深浓的琥珀色，如果觉得有些地方没有烤成近似红木的颜色，请继续烘烤直到上色。
3. 调低火力，让锅中的东西处于要滚未滚、连泡泡都不起的状态。就这样慢煨 1 个半小时，目的在于不要让酱汁浓缩，只是加热起泡，好让培根和烤鸡的味道全泡到酱汁里。
4. 过滤酱料，把肉、骨头等物滤出，丢弃不用，然后把酱料放入冰箱冷却，油会凝结在上层，请拿掉，但这些油在完成成品时仍需要（可放入拉面额外补充的培根油里）。这时的拉面酱料就可以用了。

培根汤

培根汤（Bacon Dashi）出自 Momofuku 拉面吧的餐厅厨房，是原版拉面汤的反向操作。那时我们正研发用培根取代柴鱼片来做高汤，而高汤是拉面汤头的根本。然后有一天，就像天外飞来一只小鸟打到窗子，灵光一闪——为什么不让培根自成一汤呢？啪，培根汤就此诞生。

培根汤的作用就像它没有放培根的表兄弟，可以加在日式炸豆腐里，或变成味噌汤、茶碗蒸，或可做鸡汤里的烟熏味替代品；做清煮蛤蜊时，如果放一点培根汤真是太聪明。它也是我们韩馆餐厅招牌菜——膨发蛋的材料，这道菜是我的骄傲。通常我们会将培根汤用于胡萝卜汤（见 p.125），这道什锦料理将蔬菜、香草，甚至可食花卉在完美料理后组合成“菜”，而以培根汤作为统一味道的汤底。（如果你完全摸不着头绪，请问自己：“什么东西和培根最不搭？”就是它了！）

以下技法是 Momofuku 餐厅采用并演变至今，与原始食谱已有差距，也许与 6 个月前的做法也不同。请尝试一下，玩玩也好，看这方法对你是否适用。调味时要非常小心，因为在这道汤里，调味是呈现质感最重要也太易发生改变的步骤。请把味道调到好吃可口。——**大卫·张**

食材【2人份】

2 夸脱	水
1.5 盎司	昆布
1 磅	班顿培根，或你喜欢的另一种特定培根
+	酱油、盐、米醋、清酒，试味后斟酌加入

泡昆布

用深底酱汁锅将水煮到 60℃，放入昆布泡 40 分钟，这段时间内的水温请尽量保持接近 60℃的状态。40 分钟后丢掉昆布或另作他用，例如可做海带沙拉。

高汤温度

日本科学家曾告诉我，60℃是熬出昆布胶质最理想的温度，从此我做高汤的温度都是 60℃。

猪肉上场

在昆布汤中加入培根，以极低温度泡 40 分钟，但温度无须保持恒定。之后可丢掉培根，如果能再利用就更好了。它的风味虽不再是周日早餐肉的感觉，但自行创作就不会造成浪费。

净化高汤

一般而言，我认为净化培根高汤只是浪费时间。好不容易把培根的精华熬出来却要去掉油，实在没什么道理。如果你硬要净化高汤，先过滤，再冷却，再将上层油脂及杂质去掉。这层油可留着做菜，用法就像培根油的使用方法。

调味储存

用味淋[1]、清酒、酱油和盐替高汤调味（味淋和清酒要放多一点，酱油和盐要放少一点，加入后再试味调整）。回温后，依需要利用。

1 日本一种调味米酒，有点甜味。——编者注

豚骨风高汤

豚骨拉面对于拉面来说，就像“芝加哥深盘比萨”[1]在比萨王国中的地位，在整个食物品类中自成一格，虽有食物形式但东西各异，几乎就是不同菜色。日本有一家拉面店“二郎”，以最极致的豚骨汤底备受饕客拥戴，里面乳化了太多猪油，第一次吃的人都会说自己快吐了，但并不影响他们回头再吃的意愿。我倒不是豚骨汤底的超级拥护者或这种拉面形式的学习者，只是欣赏它的基本原则：就是坚持要把汤里所有杂质及油脂全都乳化成高汤，而这些杂质和油脂是西方人费尽心力要排除的。这使得轻啜一口汤就像在喝肉酱汁——超浓厚，满口全是浓滑油脂。记得我们最后才学到“鲜味”是主要味道之一吗？也许有一天当他们提出油脂就像第六味觉或第七味觉的时候，豚骨汤底就是证据。

我得提出豚骨汤底还有第二个高明处，就是它的猪肉风味绝佳，通常这些风味都来自猪大骨。我去过冲绳很多地方，当地熬猪骨的时间长到可以把猪骨熬成直接吃的状态：他们把煮好的骨头拿去油炸，滚上美乃滋，蘸上面包粉，入锅油炸。用这些骨头做成的汤有强烈风味——就像……但也不太像……韩国的雪浓汤（Sul Lung Tang）[2]。

下列食谱不是成品，不是我放在菜单上的东西，更不是我的家庭料理完全升级版，而只是在极短时间内做出来“类豚骨汤”的蓝图，更像是遵从豚骨汤底的制作原则，而不是拘泥于用制作技巧做出来的汤。在这道料理中，我们使用高压锅快速从骨头里提炼出大量风味。高汤虽是高压锅煮出来的，如果熬太久还是难免需要净化。所以这道料理使用混合法则，先用高压锅煮到一半，调味后再加入手工碱面和葱花，非常好吃。—— **大卫·张**

---

1 芝加哥深盘比萨（Chicago deep-dish pizza）是芝加哥流传的比萨特殊种类，烤盘深达 3 英寸，因此可烤出饼皮超厚、馅料超级多的比萨，相传 1934 年由 Pizzeria Uno 比萨店发明。

2 以牛大骨慢熬，熬到牛骨都化成白汤的韩式牛骨浓汤。

食材【4人份】

2 磅	牛腱
$1\frac{1}{4}$ 磅	牛尾
1 磅	猪骨（最好是猪颈骨，买不到也可以用猪肘子）
1 磅	鸡背骨
最多 $\frac{1}{2}$ 磅	猪背油（用量要看其他材料的油脂量）
4 份	拉面（最好是新鲜自做的碱面）
$\frac{1}{2}$ 大杯（或更多）	大葱，切成葱花
+	盐
+	酱油、清酒、味淋，试味后斟酌加入

开始熬汤

牛肉

高压锅中放入牛腱、牛尾及 2 夸脱的水。在泄压阀放气后，以中高温煮 15 分钟，锅子泄压完成就把肉汤移到大汤锅。如果你的煮具比较小，或者电的或别的什么，把火转到中温，慢炖至少 30 分钟或更久。

猪和鸡

煮牛肉的同时，把鸡骨头剁成 2 或 3 小块。鸡骨和猪骨一起铺在烤盘上，以 205℃的温度烤 30 到 40 分钟，烤到全部褐变。

混合各种肉类

一旦牛腱和牛骨熬到指定时间就拿掉它们（如果你等一下想把它们啃干净，一点也不用害羞）。烤过的鸡骨和猪骨加入汤中，再放 1 夸脱水及一大撮盐。大骨汤煮到要滚未滚的时候，开盖再煮 30 分钟，锅里的汤可以冒出稳定的泡泡，但不能大滚。请不时搅动。

高汤变奏曲

就像我说的，这道食谱只是蓝图。在这道汤里可变换不同肉类，或变换熬煮时间，或水与肉的比例，或加入提香料，也可以在一开始煮的时候就加高汤（或培根高汤）。完成时加入更多油，或减少一些油，爱怎样就怎样。

加油

如果牛腱和牛尾已经够油，而你又厌恶脂肪，这道汤就不适合加油脂。如果汤还需要加油脂，可将猪背油切下 2.5 厘米，丢到汤里，用力煮 15 分钟，不时搅拌，滤掉留在汤里的所有油渣并丢弃。

安全法则

请记得油脂不会像水一样热得滚烫时就冒泡，而这道拉面主要成分是油脂。如果你在日本正好在吃豚骨拉面，请千万小心，只看外表是会唬人的。

过滤和调味

拿掉鸡骨和猪骨。用孔洞不要太细的滤网过滤高汤，除去大块又讨厌的碎骨，汤则放回锅中。试试高汤味道后用酱油调味（以 3 汤匙作为起始点），加入清酒和味淋（每种开始先放 1 汤匙），还有盐（一大撮），试味后将味道调到恰好，让肉汤保持温热状态。

完成

另外取一锅用盐水煮面，然后捞出沥水，汤底分在 4 个拉面热碗中。加面，用葱花装饰。趁热食用，但别烫着舌头。

更多变形

变花样的地方无穷无尽，包括配菜。例如，可尝试加州纳帕谷（Napa Valley）的高丽菜、豆芽菜、生蒜切片（这可是二郎拉面的热爱版）。也可尝试不同的面体，以这道料理而言，我想模仿在 YouTube 上看到的中式面条做法，但那个中国人用的技巧——一手抓着面团，用大刀一片片刮下面条——对我来讲连试一下都太难。放弃！我把冰好的拉面面团用日式刨丝器刨过一遍，刨出好多大块的钱币状和条状面团。模样不错，但我不认为它们放在汤里会比传统面条的效果好。

烤到鸡背骨全部褐变。

胡萝卜汤

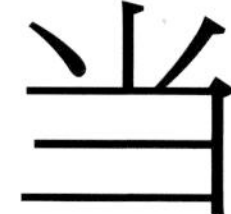

当你要为吃素的朋友做菜，就可用到这道“简单”四步骤食谱。不需用特别的胡萝卜，只要找到好品种就可以了。——**彼得·米汉**

食材【4人份】

2.5 大杯	胡萝卜汁（鲜榨汁则需用到 2 磅胡萝卜）
1 大杯	水
½ 盎司	昆布
4 根	拇指胡萝卜
1 根	紫萝卜
1 根	黄萝卜
1 根	瘦长的香橙萝卜
4 根	又大又厚实的胡萝卜
+	奶油
+	墨顿海盐（Maldon Sea Salt）
+	择好的香芹叶（山萝卜）
+	试味后加盐、清酒、味淋
+	橄榄油

给真正有野心……

且能接受超量负荷的大胃王。可用泡过肉豆蔻的葡萄籽油代替橄榄油。16 克肉豆蔻和 250 克葡萄籽油放入真空密封袋中 1 小时，就是肉豆蔻葡萄籽油。

步骤1

制作萝卜高汤。用小酱汁锅装着热水、萝卜汁和昆布，适度调整火力让锅里汤汁在 60℃下热泡 15 分钟。拿掉昆布（可丢掉或留作他用），用细网筛过滤萝卜高汤，用盐、清酒、味淋调味，可试味后再斟酌。

步骤2

开始对萝卜大开杀戒，把全部萝卜上冲下洗左搓右揉一番。

步骤 2A

用蔬菜刨刀将紫萝卜的皮刨出一条条长条，丢进冷水中。萝卜皮应该像可爱的丝带般卷起来，这就做出了花哨的萝卜皮丝带。留着备用。萝卜心可留做萝卜泥。

步骤 2B

制作简易萝卜泡菜，从茎到尖端都可用。黄萝卜用刨刀刨成小块，橙色胡萝卜刨成细丝（也可以用更奇怪的异国萝卜，只要买得到，没什么不可以），至于什么该丢掉，什么该留下做泡菜，也全看你的决定。萝卜依颜色放好，每一种加一撮盐（如果萝卜没有很甜，也可以加一点糖）。搅拌均匀，放到要用时。切下来的小碎块都可以留下来做萝卜泥。

简易萝卜泡菜。

步骤 2C

现在处理大萝卜。所谓大萝卜就是超市卖的、又大又厚实的胡萝卜，大萝卜去皮直切成厚度不到 1.2 厘米的长板状。每一人份需要两片胡萝卜板。剩下的边边角角可留下来做萝卜泥。（可能需要 4 根或更多胡萝卜，要看萝卜周长有多长，或萝卜板有多细）。

步骤 2D

拇指萝卜去皮，皮丢入厨余堆。

步骤3

现在要煮萝卜了。

步骤 3A

制作萝卜泥：所有萝卜边边角角不要的东西收集起来，放入高汤，以中温慢煨 10 分钟，直到萝卜软化。萝卜从汤汁中滤出，高汤放回，而萝卜渣放入搅拌机搅烂成萝卜泥（也可以用手持搅拌棒）。试味后以盐调味。

步骤 3B

煨煮拇指萝卜：高汤温度回温到微热程度。放入拇指萝卜，煮到软，用刀尖刺下去，没什么阻力就是好了，时间约需 12 到 14 分钟。

步骤 3C

锅煎萝卜：这阶段要将胡萝卜板放在锅中以奶油浇淋，可分批做或一次用两个锅。先用长柄锅以中高温加热一块奶油（至少需要 3 到 4 汤匙的量），让奶油融化、起泡、变色，然后再加入胡萝卜和少许盐。第一面先煎几分钟，直到胡萝卜板开始褐变，将胡萝卜翻面，锅子翘高往前斜向自己，奶油会向把手处集中，用大汤匙把奶油舀起浇淋在胡萝卜上，要浇 1 分钟左右。如果奶油颜色变得太黑开始冒烟，就拿高锅子离火源远一点。戳一戳胡萝卜，确定是否软化。质地不需到软烂，但不能是生的。

加分妙招

可以用之前做好的褐色奶油来浇淋胡萝卜，也可以在胡萝卜快好时加入肉豆蔻增香。

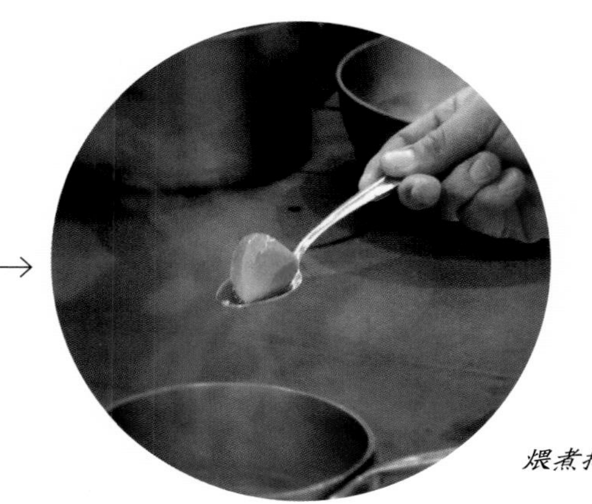

煨煮拇指萝卜。

步骤4

摆盘。把大量萝卜泥放入 4 个温热的盛器，萝卜泥放中间，用汤匙背面划过碗底把泥抚平。依次放入拇指萝卜、锅煎萝卜，再将每种颜色的泡菜各放一点，再用几条花哨萝卜丝（先用餐巾纸大致擦干）围住泡菜。在各处撒一点盐，有技巧地把香芹叶摆到最美，加少许橄榄油，让整盘菜不会太干。最后盛盘摆好后，舀几瓢热胡萝卜高汤淋在上面（高汤要烫，但不能太烫）。

鸡汤

你该知道如何做一道简易鸡汤，最基本的就行。要是有人生病，你就知道做个鸡汤给他，不管是男朋友还是女朋友，谁都好。

这里说的鸡汤并不是那样，它的步骤比简易鸡汤复杂许多，但仍算简单，而且反映我目前的高汤制作理论：蔬菜与肉类分开制作，然后两个合并再试吃。——**大卫·张**

食材【4人份】

鸡汤：

3 磅	厚又有肉的鸡部位（可以是鸡腿，或比较小的全鸡，切块）
10 大杯	水
+	少许盐

蔬菜汤：

1 颗	洋葱
2 根	大葱
2 颗	红葱头
4 瓣	大蒜
1 颗	八角
1/4 小匙	芫荽籽
1/4 小匙	黑胡椒
1 小匙	花椒
1 片	月桂叶

享用时：

2 份	新鲜碱面条（见 p.108），或你喜欢的任何面条
+	少许盐、淡口酱油、黑胡椒

做两份高汤

鸡汤

取容量适当的汤锅，放入鸡、8 杯水、一大把盐，在炉上以中火加热，煮到水滚后调整火力，让汤保持温和微滚的程度。鸡汤用文火慢煨 1 到 1.5 小时（或熬到骨肉分离的程度），然后把鸡块捞出放在碗中放凉。

蔬菜汤

做蔬菜汤的所有食材放入容量适当的汤锅中，慢火煨煮 45 分钟，然后将所有固体滤出丢弃。

鸡块去骨只留鸡肉，用盐、酱油、黑胡椒调味，调到你觉得好吃的程度。调味好的鸡肉分别放在两个汤碗中。

两种汤头合并，1/4 杯的蔬菜汤加入鸡汤中，用盐调味，调到你觉得高兴，将双拼汤头放入碗中。此时如何应用就是个人的探险了，你可以用汤煮面，或另用一锅水煮面，然后将汤和面加入放着鸡肉的汤碗中，即可享用。

味噌奶油玉米与培根

俳句食谱 彼得·米汉

I

培根煎去油

玉米加入跳又叫

金黄到褐焦

II

味噌和奶油

同等分量入油锅，蹈舞在锅中

III

洒汤，翻拌，一片釉亮

水波蛋打在玉米上，

如北海道的落阳

五花肉与梅花肉

这道五花肉与梅花肉的做法在 Momofuku 餐厅是经典，刈包里的、拉面上的都是这味。但说来不好意思，这道菜出奇简单。想法在于以纯粹干净的猪肉风味加入复杂有层次的料理。制作时间至少需要一天半，因为每道步骤有很多需要放凉的程序，请尽早准备，不然可能没有猪肉可以吃。——**彼得 · 米汉**

食材【要做多少随便你】

3 磅或更多	无骨梅花肉（猪肩肉）或去皮五花肉（猪腹肉）
1 大匙 + 1 小匙	每磅猪肉要用的盐量
1 大匙 + 1 小匙	每磅猪肉要用的糖量
+	少许黑胡椒

调味

梅花肉

梅花肉用盐和糖调味并撒几撮新鲜黑胡椒粒，盖好放冰箱腌一晚上。

五花肉

做法同上。

香烤

梅花肉

腌好的梅花肉放入烤盘，放入烤箱以 121℃烤 6 小时，烤时不用盖上盖子。烤到 3 小时后，就需要把猪肉不时拿出来，用盘中烤出来的猪油和肉汁浇淋猪肉。

五花肉

腌好的五花肉放上烤盘，放入烤箱，先以 232℃烧烤 30 分钟，再将温度降到 135℃再烤 1 或 2 小时，直到肉质软化而不软烂。

猪肉分量

这道食谱的猪肉分量可随自己高兴自行拿捏。但我不建议开始就用分量小于 3 磅的猪梅花来做，你若执意如此，我也阻止不了，对吧？

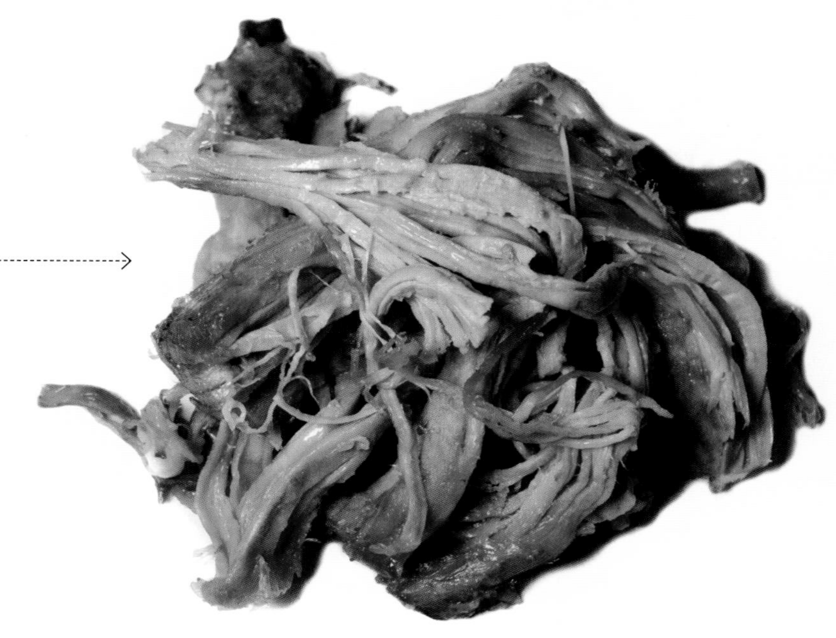

休息放凉

梅花肉

烤 6 小时后，将肉拿出烤箱，放在厨台上休息至少半小时，然后用 2 支叉子将肉撕开，变成猪肉丝，一次用完或把肉包好放回冰箱。猪肉丝适合放在拉面上，也可淋上烤肉酱夹在刈包里，所以别不好意思，这种肉做越多越好。

五花肉

让五花肉在室温中放凉，再用保鲜膜包紧放入冰箱直到冰到透凉，冷藏时间少则几小时，多则要几天。冰透了就可切成完整厚片，你可以放点油把五花肉煎到焦香，或放入高汤或水加盖回温一下，要怎么应用就看你的需要了。

红眼肉汁

我开 Momofuku 韩食吧（Momofuku Ssam Bar）[1]，任务之一就是要提升美国乡村火腿的境界。嗯……好吧……不是提升，不是提升火腿本身，而是食用方法的提升。如此一来就可以迫使人们接受美国乡村火腿是世界上最棒的火腿之一的认识，就这么回事。我才不会把意大利帕尔玛（Parma）的五香火腿（prosciutto）全部换成用我们美国的乡村火腿。

事情是这样的，也许说来有点冒犯，美国人料理乡村火腿的传统实在很可怕。火腿这么咸，味道又浓重，做料理时却把剩下的油水全部滗掉，让它变成又硬、更咸。吃法应该是把火腿切片——吃“生的”，就像欧洲人吃最棒火腿那样：这才是美国乡村火腿的最佳吃法。

红眼肉汁是乡村火腿爱好者利用煎火腿后锅中剩下的油做的。在 Momofuku 韩食吧，我们有红眼美乃滋——这是生火腿的理想调味品，味道与原始肉酱中猪肉烟熏味相呼应，而其中的油脂与奶油又能与火腿风味相配合，不是只把咸肉味扩大而已。

做红眼美乃滋又简单又懒惰的方法是：把速溶咖啡粉 1 茶匙加到 1 汤匙热水中，再以 1/3 杯美乃滋和 1 滴拉差辣椒酱（Sriracha）[2] 混合搅拌，再加 1 到 2 滴雪利酒醋。如果你是又懒又爱耍酷那一型，可以用它搭配烤面包和切成像意式五香火腿一样薄的美国乡村火腿。——**大卫·张**

食材【2人份】

2 片	切薄片的美国乡村火腿
½ 大杯	泡好的咖啡，或更明白地说，你的咖啡杯里剩下什么，就用什么来做
2 小匙	红糖

↓

完成

乡村火腿片放在铸铁小煎锅里以中温煎，煎到只要看到肉变透明，边缘有些焦褐就可以了。请找带油的火腿，不然会白白浪费时间，倒不如用培根肉来煎就好了。

↓

火腿一旦煎到透，油锅里就有火腿油可以做肉汁。先将火腿移到大浅盘，调高火温，加几汤匙红糖，以及你今天早上喝剩的咖啡。

↓

咖啡+火腿油+红糖=红眼肉汁

完成

汤汁煮化。要一直搅拌，搅到咖啡都不见了，Et voilà（好啦）！红眼酱汁出现了。可以把它倒在饼干上。如果你觉得肉汁不够，可能需要更多火腿，那就回到炉再做另一批火腿和肉汁。

1 Ssam 是韩式烤肉中以菜包肉的菜肉卷，此餐馆以韩食为主，2006 年开张，2009 年就被《餐厅》杂志选为世界 50 大餐厅第 31 名，是韩国料理餐厅首度入选该榜单。

2 美国加州生产的辣椒酱，拉差是泰国春武里府的一个小城。——编者注

BIGGER THAN YOU.

比你更伟大

冢崎龙二[1]的真实故事，世上最高巨人的小小喜悦。

文字：马修·沃兹（Matthew Volz）

1 冢崎龙二原是三岛由纪夫《午后曳航》里的船员，是小孩眼中“雄伟的男体”。

冢崎龙二以前就曾在房子外头醒来过。

甚至一觉醒来，人在屋外，身上一丝不挂。

光溜溜地醒来，在房子的最高点，

有种新感觉一股脑地涌上来，是伟大吧！

当然，有人一觉醒来变巨人，
这是全世界的大新闻，
所有重要刊物都以专题报道。

巨人的新闻流传着，
世界各地的人们尽可能来帮忙。

Nike 做了世上最大的
Air Max 篮球鞋。

雷朋眼镜的人融化了
可做 10,000 副太阳眼镜的塑料，
做出巨大的太阳眼镜。

日本编织工会的妇女日夜轮班
帮他织了一件史上最大毛衣。

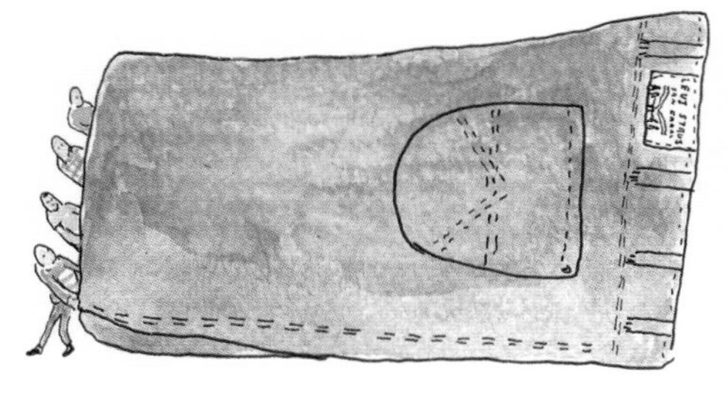

奇怪的是，
Levi's 刚好有
合他尺寸的牛仔裤！

甚至连天皇都亲自来探视龙二，

仁慈地赐给巨人任何他能赏赐的礼物。

想都不想，龙二向天皇说出他的唯一请求……

接下来，世上最奢侈、规模最大、

最精心策划的拉面要上场了。

日本拉面三巨头（也是长久以来的宿敌）
咬着牙，搁置歧见，
团结努力完成这个重大使命。

古怪发明家中松义郎
（发明了软盘和弹簧鞋）
受命设计一台制面机。

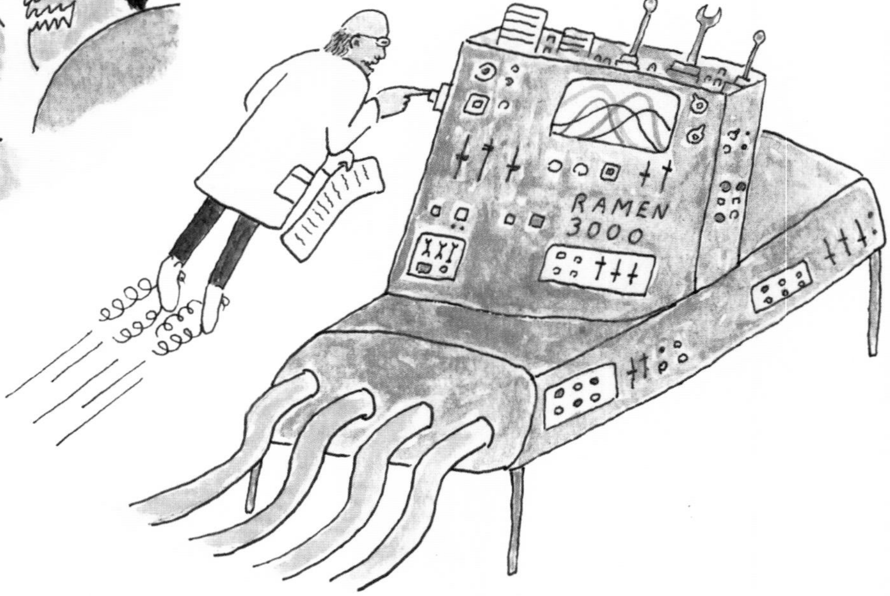

千万富翁吉田忠雄
（YKK 拉链的老板）
捐出他的地上泳池作为巨人的碗。
（吉田的泳池派对向来是
传奇中的圣物，广为流传！）

同一时间，
伐木工人被派到屋久岛抬出两根最大的
日本雪松当作巨人的筷子。

看到大家所做的一切，龙二几乎掉下泪来。

全世界的人都坐在各自家里吃着拉面，
看着世上最大巨人吃着世上最大碗的拉面。

那天晚上，第一次，冢崎龙二坐着，眼睛平望着山，
吃饱了拉面，思考大山的想法，
再一次觉得自己又是那个原来的自己。

RECIPES

蛋

我知道，我知道，这是拉面专辑，所以我们除了 69 种拉面食谱外什么都不该介绍。但是只要谈到拉面，就得说说面里的蛋，话题就从这里开始。

下面几页是我的最爱，都是 Momofuku 餐厅会准备的蛋，加上可称为我心目中大英雄的一些蛋料理，包括：朱安·马里·阿萨克[1]、亚兰·帕萨尔[2]、威利·杜凡尼。我们还真的请到杜凡尼来示范，也请璜·马里寄来他最出名蛋料理的手写食谱，这份手稿也刊载在这本书中，以便你把它剪下来贴在洗手间墙上。我也尝试邀请帕萨尔来示范，但完全没办法，所以只好自由发挥做 Arpege`冰火蛋，这道菜的仿做版已遍及全球，我只能尽力而为。

——大卫·张

1 朱安·马里·阿萨克（Juan Mari Arzak），德高望重的西班牙厨神，西班牙新美食（La nueva cocina）的代表，经营的餐厅 Arzak 从 2006 年起就列为世界十大最佳餐厅。

2 亚兰·帕萨尔（Alain Passard），法国三星名厨，又称“蔬食之神”。欧洲疯牛病肆虐时，首开先例将餐厅 L'Arpège 的菜单改为八成蔬食，剩下的才是肉类和其他，虽如此美食之名不减。

慢煮水波蛋

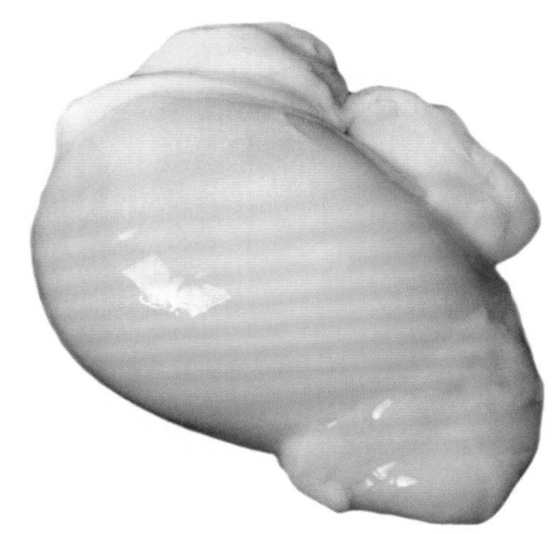

慢煮水波蛋（真空烹调水波蛋），这是在 Momofuku 餐厅用到泛滥的料理。它基本上是“现代”烹饪技术的产物。21 世纪初期，西班牙名厨阿杜利兹[1]“发明”了它，在圣塞巴斯蒂安城外的餐厅 Mugaritz 推出，慢煮水波蛋开始流行起来。它也是家庭厨师会用的一种技巧。

阿杜利兹花了超多时间研究蛋，刚开始研究煮蛋黄和煮蛋白有什么不同，接着研究蛋白内 13 种蛋白质各对哪些特定温度有反应。最后，他终于整理出一套公式：把蛋放在62.5℃的水浴环境中50分钟，就会产生很像传统，或比传统更好的水波蛋，有着会滑动的完美蛋黄以及正好固定的蛋白。

当我刚开 Momofuku 拉面吧时，就知道在拉面上一定要放这种蛋，但没预算买阿杜利兹用来控制蛋温的真空烹调水浴循环器。与其沮丧怨叹自己没有钱，倒不如试试用电炉做出来。我大概是这样做的：用低温慢火的炉子加热一大锅水。在刚开始的几年，我们大概做出上千万个未熟或太熟的蛋，然后才学会真真正正重要的秘诀：鸡蛋绝不可以碰到锅底。就算锅子里的水温刚好，锅底的温度也比水温高。在我搞懂之前，还把煮坏鸡蛋的人都开除了。你需要一个很大的锅子，因为大锅子比较容易让水保持 60℃至 63℃的温度区间。如果锅子太小，水温变化就很敏感，而大锅子比较容易控制——可让水煮到所需温度且能固定水温。如果太烫，就加一点冰块。

在我们买水浴循环机之前——我有点不好意思承认这点——用来衡量正确水温的方法是把手指放入水中，如果在非得拔出来前能够在水里撑 2 秒，那就是正确温度了。任何比这个温度烫的水，包括开始冒泡的水或大滚的水，都太烫了。此时若要测水温，建议最好用“制糖用温度计”，而不要用“大卫·张手指温度计”。如果你想在家做慢煮水波蛋，找个最大的锅子，确定蛋不会碰到锅底（用小蒸锅把蛋垫高，或是先在锅里放入大碗，再把较小的碗反扣在大碗里），注意温度。你会搞砸个几次，但这又不是动大脑手术。——**大卫·张**

你可以用一个大碗加上一个反扣的小碗，就可以让蛋不会碰到锅子底部。

1 安东尼·路易·阿杜利兹（Andoni Luis Aduriz），西班牙厨神费兰·阿德里亚的弟子，当阿德里亚的 elBulli 餐厅转型歇业后，阿杜利兹更被公认是厨神接班人。他的餐厅 Mugaritz 已获二星，是 2013 年世界最佳餐厅第四名。

鸡蛋温度表

制作：戴夫·阿诺（Dave Arnold）

以下图表来自戴夫·阿诺及其他能干帮手所公布的网络数据《低温烹调和真空烹调入门》（*The Low-Temperature and Sous-Vide Primer*），是戴夫集结他在纽约法国厨艺学院教授"新兴烹饪技巧"的课程内容。

鸡蛋在稳定低温的环境中烹煮一段固定时间，达到某种温度时，鸡蛋会出现某些特征。这些蛋有时以烹煮温度表明（如 62.5℃的蛋）——过去 10 年来，往好处说，已经成为世界各地时髦餐厅的重要支柱。以下这张精致图表正可响应下面这个问题："蛋在各种温度下的质地到底是如何？"

阿诺等人将蛋放在水浴循环机里，以各种指示温度烹煮 75 分钟（后来他们表示烹煮 60 分钟已足够达到相同结果），再打破蛋，把流出来的东西拍下照片。

家庭厨师也许从不认为这张图表上描述的蛋黄质地是真实存在的，但横跨在流动状（生蛋黄）与沙砾状（全熟蛋）间的各种蛋黄质地分布很广，可能像黏土（65℃的蛋），也可能像软糖（杜凡尼做的班尼迪克蛋，见 p.154），或者可以把蛋一路煮透但仍有浓郁香甜的未熟风味，特别是那些油膏，就是它使得蛋成为美到难以置信的食材。——**彼得·米汉**

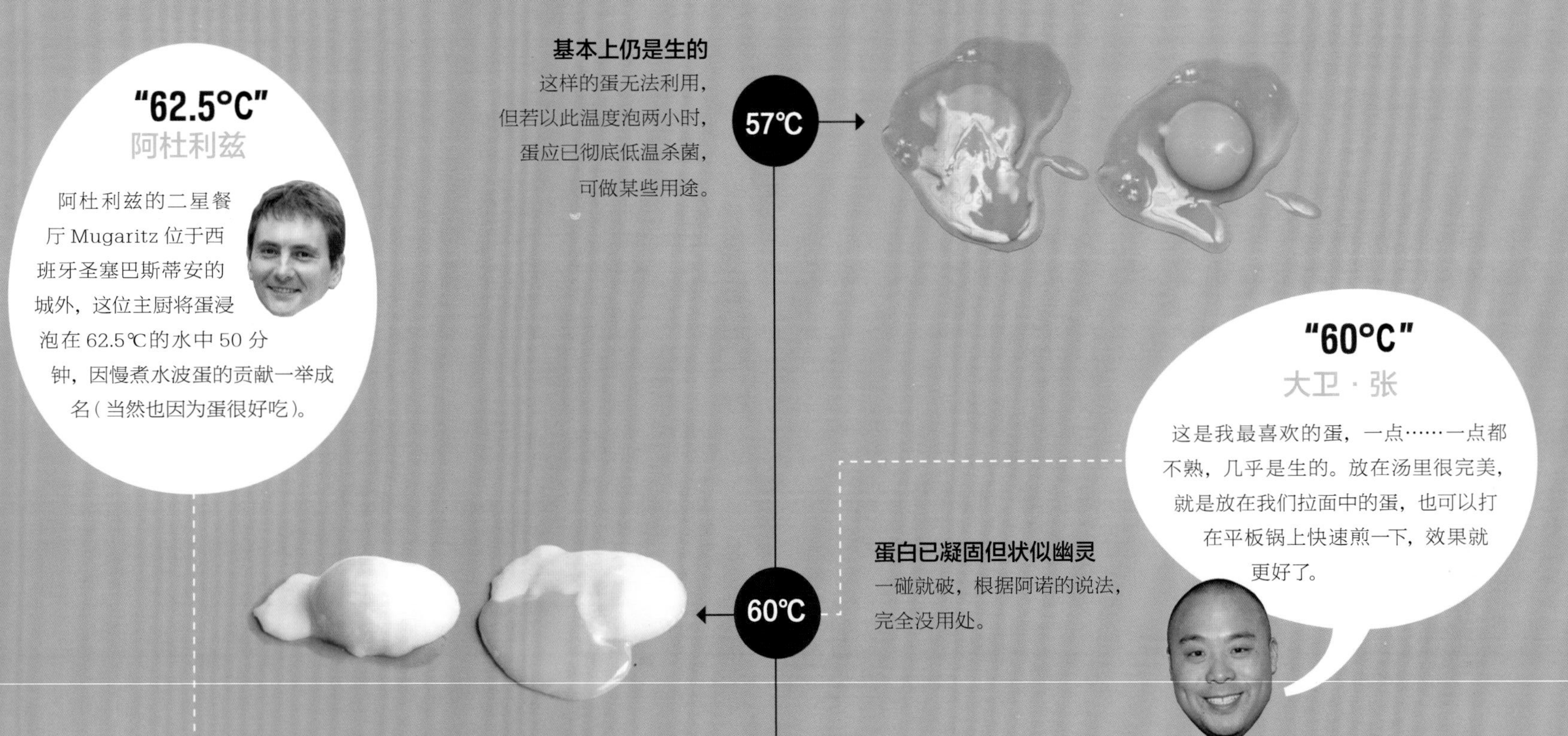

62℃

放在吐司上最好的蛋

蛋黄会滑动且略带黏稠；蛋白软嫩松滑。如果把这样的蛋打在漏勺上，放到热水中浸一下，固定蛋白，就会变成完美的传统水波蛋。

63℃

蛋黄呈奶油状但不凝固

比较像浓稠的酱汁，蛋白较紧实。

64℃

蛋黄凝固

质地像厚得搅不动的奶油奶酪；蛋白仍然比较紧实。

65℃

蛋黄可捏动，有可塑性，仍然柔软光滑

这是阿诺最喜欢的蛋白——紧实，不像橡皮，也不会破。

66℃

蛋黄可以成团状也可以摊平！

有夸张的韧性，仍然很美味。蛋白明显不太好，比较像橡皮，质地也比较像全熟的白煮蛋——以下皆是如此。

67℃

蛋黄开始有颗粒状，但仍然柔软

摊平时会破。

68℃

蛋黄的颗粒状很明显

更像全熟白煮蛋的状态。

72.5℃

蛋黄呈颗粒、易碎状态，且开始变成绿色

闻起来有轻微的硫黄味。

75℃

全熟白煮蛋

这种状态的蛋不值得用。

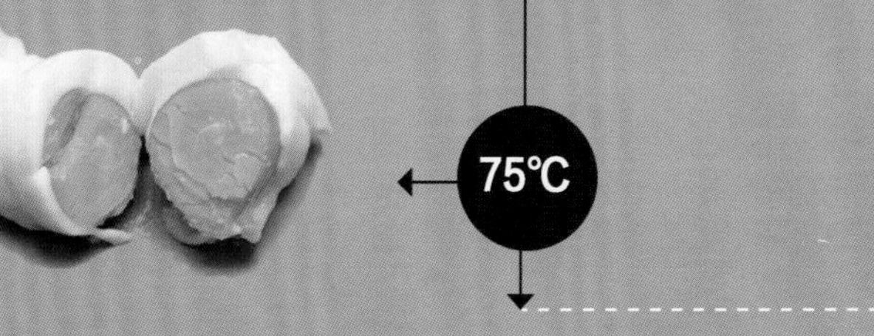

"75°C+"

奥斯卡奖

说到蛋的质地，我也没什么特别要求。如果你刚好把你的花哨鸡蛋煮成这副德性，可以直接丢到我的碗里吗？你说你会？感谢你！献上我写得最好的“蛋蛋俳句”：

若我有些蛋／就可做吐司蛋／若我有吐司。

韩馆招牌蛋

食谱：大卫·张口述说明

鸡蛋，特别是会滑动或生的鸡蛋，是在韩国生活、长大最重要的东西。石锅拌饭，就是把饭放在用石头做的碗里煮，底部就有脆脆焦焦的锅巴，在韩国是最能抚慰人心的基本食物，而且一定要在上面放颗生蛋。

我在 20 岁出头时跑去日本教英文和当厨师，蛋在那里也无所不在：有放了高汤的日式煎蛋；烤鸡饭上也会放一颗蛋 [这道料理叫作亲子丼（oyako-don），意思是“母亲和孩子”]；还有白煮蛋，用一个大碗装着，在鸟取温泉车站的拉面店让客人自由拿取——从此一试成主顾。

有一天晚上，我在东京新宿附近一家放美国烂片的电影院看电影，反正票价打折。我坐下来看塞缪尔·杰克逊主演的《51 号公式》（*Formula 51*）。隔壁的女人外带了一碗“寿喜烧盖饭”进来，就是牛肉炒蔬菜盖在饭上，还带了一颗蛋，我以为是生蛋，但她打开蛋居然是熟的。

我就是这样学到什么是温泉蛋——慢煮水波蛋或水浴蛋。显然日本人从以前去泡温泉就会带着一篮子蛋一起去，带着壳的蛋却仍能煮到完美，就像用温泉持续水波煮。

几年后，我开了 Momofuku 拉面吧，在拉面上用了慢煮水波蛋，也放在锅煎芦笋和玉米粥上，几乎每道菜都可用到它。我们把水波蛋放在烤盘上让它褐变一下，撒上 Wondra 面粉，送去油锅深炸。蛋是替菜肴增添奢华油脂最便宜的方法，也是我们烹饪上的主要材料。

时间快转几年。

在我们开 Momofuku 韩国馆前几周，我的想法实在跳跃得太快，这是我们迄今最昂贵也最有野心的餐厅。我们每天只供应一份菜单，我知道这份菜单一定会被仔细检查，它的成功会作为我是否有能力成为主厨的衡量标准，因此每一道菜都必须很强。所以……

我知道我们必须有一份蛋料理

↓

但是，我对于用在拉面吧和 Ssam 餐厅的水波蛋已经腻死了，而全熟的水煮蛋又完全不在考虑之列，所以我们决定要走老派路线：软嫩水煮蛋。在瞎搞了一阵子之后，我们决定 5 分 10 秒是完美的煮蛋时间——蛋白已经凝固但不会太硬，蛋黄煮得够稠却仍有滑动的口感。我们在韩国馆推出的第一份蛋料理是“酱油软嫩水煮蛋”。

→

后来，我在演习的时候把放在盘子里的蛋打破了——好性感、好自然——蛋黄就这么滑出来。金黄色带来对比，我们的眼睛都亮了起来，脑海里想到奢侈品，鱼子酱是个简单好物。

蛋中蛋

在破掉的蛋里放鱼子酱看起来很异形，但实在太棒了！再洒点酱油更是超美味，但决定用冷熏水[1]泡蛋，让蛋具有烟熏、深邃以及难以取代的特色。

我们试了各种东西想替软嫩的蛋增添一些爽脆口感，借此产生对比，试过的东西包括酥烤胡桃和油煎火腿在内，而炸薯片一如往常胜出。我们一开始弄成苹果舒芙蕾（pomme soufflés），后来简化成小薯片。

小薯片

食材

4 颗　小马铃薯（约 4 盎司），刷洗干净

\+　葡萄籽油，准备油炸

1. 用削片器将马铃薯来回刨成薄片，放入小碗中用水冲洗，沥干，用纸巾拍干。
2. 取一个又大又深的酱汁锅，把油倒入 4 厘米高，加热到 182℃。分批将马铃薯炸到金褐香脆，边炸边搅拌，以免马铃薯粘在一起，每批油炸时间约 1 分钟。用漏勺把炸好的薯片捞到铺了餐巾纸的烤盘上，均匀撒上粗盐。再把这些薯片放到干净的餐巾纸上放凉。

软嫩水煮烟熏蛋

食材

4 颗　蛋

1/8 小匙　冷熏水

3 大杯　水（煮蛋时水需要更多）

1. 水放入大酱汁锅以高温煮滚，蛋轻轻放入，不要摔破。煮 5 分 10 秒，再把蛋移到放着冰水的大碗中，当温度降到可以剥壳时，敲破蛋较平的那头，再放回冰水里。小心剥去蛋壳，千万不要把蛋弄破了。
2. 冷熏水和 3 杯水放入可密封的保鲜盒中混合，保鲜盒的容量要足够容纳水和去壳的蛋。蛋泡在冷熏水里，放入冰箱一整夜。（在韩国馆餐厅，我们不但在水中加入烟熏味，还会净化它，但米汉拒绝在食谱中加入这些步骤。）

一旦我们锁定酥脆的成分，就需要基底。

1 冷熏水又称烟熏水（liquid smoke），是食品添加剂，以木屑燃烧出烟雾，再将烟雾收集融入水中的产品，并无添加其他化学成分。

有烟熏味的盐——这是个完美方法，呼应浸泡蛋的烟熏味。

特殊食物供货商很重要，纽约互通贸易公司（New York Mutual Trading Company）进口高质量的酱油、了不起的木桶味淋、各种昆布和油料，其中有两种放入这道菜中。

开韩馆餐厅前，
我们挑选了一缸子食材……

慢炖洋葱在 Momofuku 餐厅的所有菜肴中都是必杀技，所以把洋葱苏比斯酱[1]放在鸡蛋旁边当成完美的鸟窝是绝对合理的事。没别的多余物质，纯粹的好味道，以普通的食材为基础，却以极酷的方法提升整道料理。

1 Onion Soubise，白酱的衍生酱汁，以慢炖洋葱磨成泥后放入白酱中熬煮混合而成。

重点二

早期开店前的试做版本，我加的是紫薯醋。说实话，和用在其他地方的陈年雪利酒醋比起来，它更方便取得。加醋是为了去除蛋黄的油腻感，也会替苏比斯酱带来清爽感。紫薯醋的效用惊人，酸醋的紫色让整盘菜的其他颜色鲜活起来，风味非常甘醇（一点不像大多数的醋），而甘薯醋配上薯片的搭配也很合理。我们没有把甘薯醋用在很多其他料理上，但如你喜欢加盐加醋的薯片，制作时不妨加一些紫薯醋。

洋葱苏比斯酱

食材

2 颗	中型洋葱（约 12 盎司），先对半切，再切成 0.6 厘米的洋葱丝
½ 大杯	水
¼ 大杯	无盐奶油（约 1/2 条），放在室温，切成 0.6 厘米块状
⅛ 小匙	犹太盐

洋葱、水、奶油和盐放入小酱汁锅拌匀，不加盖在炉上慢煨，火力越小越好，不时搅拌，熬到洋葱变软，水和奶油收干变成丝滑的酱汁，熬煮时间约需 2 到 2.5 小时。苏比斯酱可以在几天前先做好，等到要用时再放在炉子上以慢火化开。这份食谱做出的酱料绝对比要用的多，但苏比斯酱也不乏其他用途，鱼或蛋是它的传统老搭档，很少有料理加了苏比斯酱后不加分的。

我们终于搞定整道菜的配方

整道菜组合和谐，个别吃很好吃，搭在一起吃更美味：有滑顺的蛋、鱼子酱（我们采用美国鱼子酱，它的质量好，价格也公道，黑海的鲟鱼也不会因此灭绝）；洋葱苏比斯（是洋葱能达到的最奢华口味）、新鲜制作的炸薯片，还加上一点香草盐（里面的味道有茴香香芹，搭配蛋里的烟熏风味）。还有一个秘密武器就是紫薯醋，除增添颜色和酸度外，也平衡料理味道，使整道菜肴化整为一。

完成摆盘

食材

½ 大杯	香草，切成约 2.5 厘米大小的碎片（¼ 杯香芹或龙蒿菜、2 大匙欧芹、2 大匙香葱）
2 盎司	美国 hackleback 或 padd-lefish 鱼子酱
4 小匙	紫薯醋（或陈年雪利酒醋）
+	烟熏盐或墨顿海盐

取一碗滚烫的热水，把蛋放进去热一下。苏比斯酱用平底锅加热后在每个盘子上放 2 汤匙，利用汤匙背部压出一个洞，准备放蛋。薯片分到每个盘子，用汤匙舀一点香草盐撒在薯片和苏比斯酱上。蛋放在每盘的苏比斯酱上，用刮刀将每个蛋划出几厘米长的裂口（此时蛋黄会流出），再舀一汤匙鱼子酱放在蛋黄流出口。撒上墨顿海盐或烟熏盐，并在每个盘子上将 ½ 茶匙醋滴在苏比斯酱的外围，画一个圈，做好即可享用。

摄影：加布里埃尔 · 斯塔拜尔

Arpège餐厅冰火蛋

尽数世上西方餐厅最有名的蛋料理，具有广大的影响力，在商业市场被广泛模仿及复制的，应该就是我说的 Arpège 餐厅冰火蛋了。（至于它的真实名字，说给那些想要尝试说法文而不会想把它杀了的人，这道蛋料理的名字是 Chaud-froid d'Oeuf au Sirop d'Érable，即“冰火蛋佐枫糖浆”。）

我不清楚亚兰·帕萨尔创作这道料理的全部历史，但我非常确定它一定源自某位厨房巨人的某道名菜，如亚伦·夏裴[1]或保罗·博古斯[2]所做的菜。但帕萨尔的蛋绝对完美——融合热与冰，带着甜和酸，无尽的高贵品味。

要做这道菜实在是自找麻烦，但也没那么困难。如果你无法用刀把蛋切得整齐平顺，只要有个切蛋器就好办了，切下来的切口最后还要跟着小汤匙一起端上桌。请务必在手边多准备几颗蛋——刚开始几次你大概都会把蛋的切口弄得一团糟。——**大卫·张**

它让人坐立难安，但是我很乐意吃了它。

食材【可做4颗蛋】

100 克（1/2 大杯）	全脂鲜奶油
5 克（1.5 小匙）	糖
5 克（1 1/4 小匙）	雪利酒醋
4 大颗	鸡蛋
8 小匙	枫糖浆
1 大匙	香葱末
4 个	蛋杯
+	新鲜现磨黑胡椒
+	盐

准备馅料

烤箱预热到 205℃。全脂奶油打到硬性发泡，快打好时拌入糖和雪利酒醋。打好的奶油馅料放入挤花袋，装上小号的挤花嘴（口径约直径 1.3 厘米，想做得花哨一点，也可以用波纹状挤花嘴）。做好后放在冰箱数小时。

准备蛋

把蛋的上方切掉。要切掉较窄的那端 1/6 圈。如果你的技术纯熟且刀锋够利，使用刮皮小刀就可办到。不然就上网，买个品质不错的蛋壳切割器来切蛋壳。轻轻地把蛋的内容物倒入小碗，还要更轻、更小心地用手指把黏在蛋壳上的蛋白和黏糊糊的东西都拿掉。蛋白和蛋黄分开，再把蛋黄放回蛋壳内，而蛋白可留作他用，像是拿来做蛋白霜，或试试极端减肥蛋白餐，或做个大餐给你的狗吃。

准备蛋

蛋壳放在蛋杯里（也可以放回蛋盒里）。每个蛋壳内加 2 茶匙枫糖浆和一小撮盐。蛋杯排放在浅平的烤盘上，盘中加水约 2.5 厘米高（注意水不可以碰到蛋壳底部）。烤盘放入烤箱烤 5 到 7 分钟，重点在于使蛋黄温热，让它质地变厚，油膏的部分变多，而不是要它烤到全熟或水波煮到全熟。

完成摆盘

把蛋从隔水加热的环境中拿出来，填满打发奶油。完成的蛋应该有一座奶油山峰从蛋壳顶端升起，就像高山上的雪帽。在雪帽上撒一两撮香葱末和一点新鲜现磨黑胡椒。拿起咖啡小匙立刻享用，最好来杯香槟，带一点了不起的威风，正是绝配。

1 亚伦·夏裴（Alain Chapel，1937–1990），法国新料理一派宗师，强调以当地食材与地方料理手法响应现代烹调技术，做出代表法国的高级饮食。

2 保罗·博古斯（Paul Bocuse，1926–，法国最老牌厨神，早在 1961 年就获颁"法国最佳工艺师"殊荣，是以企业经营角度扩展餐饮帝国的实践者，目前拥有 5 家同名餐厅、两条冷冻食品生产线、一间同名厨艺学院，及以他为名的"博古斯世界烹饪大赛"（Bocuse d'Or）。

腌鳕鱼煎蛋卷

这道名菜出自朱安·马里·阿萨克介绍给我的餐厅 Roxario（发音同女明星 Rosario Dawson 一样）。他用半带西班牙语、半是英语的愉快口吻不停告诉我，Roxario 的煎蛋卷是世界第一。他到那里用餐很多年了，每隔一次就会吃一次煎蛋卷，是他的最爱。

腌鳕鱼在圣塞巴斯蒂安到处都有，而且质量都很好。我第一次来到这里时，心里嘀咕着："这东西真有那么好吗？不就是煎蛋卷配上腌鳕鱼吗？会有多好！大老远开车到这里来值得吗？"

你一定也遇过同样情形。有人说："这地方很棒，你一定要试一下。"试了却觉得，响应期待值大概是不可能的了。每个重量级人物都告诉你这是世界上最好的摩卡咖啡，但你试了，大概十次有九次是："这只是摩卡加薄荷嘛！"但偶尔就有这么一次，你听从推荐，然后才知道自己"简直是个大笨蛋！"

Roxario 的煎蛋卷真是棒，甚至做得比棒还要更棒，这是少数实际产品看起来和广告上一样好的东西，在现今世上已属罕见。当你看着朱安·马里吃它的时候，仿佛他被送进童年时光，只有神奇料理才能做到这点，不只是朱安·马里，餐厅里的每个人吃着这道料理，脸上都泛出强烈的满足感。

所以我只能试着不要搞砸它。Roxario——她是真人罗莎里欧，不只是餐厅的名字，使用欧芹、很多焦糖化的洋葱、蛋、腌鳕鱼和超出寻常分量的橄榄油。橄榄油放下去的时候，分量多到会吓死你。我尽力再创她的食谱做法，但罗莎里欧不准我们进厨房看她是怎么做的，老子就喜欢她这点。——**大卫·张**

食材【一份煎蛋卷，足够2人份】

6 颗	蛋
1 片 3 盎司	腌鳕鱼
2 大匙	择下的欧芹叶
½ 大杯	烤过的洋葱
¼ 大杯	橄榄油，盛盘时需要更多

泡开腌鳕鱼

腌鳕鱼浸在冷水里放隔夜，方便的话，换水一次或两次。到了早上把水全部换成牛奶，浸泡腌鳕鱼约 4 到 8 小时，之后把腌鳕拍干，剥成小片。

盆中打入 6 颗蛋均匀搅拌，一面用力打，一面把腌鳕鱼片、欧芹和烤洋葱拌进去。搅拌均匀。

自己做腌鳕鱼

方法就是它的名字。用盐腌鳕鱼，就是如此而已。如果自己想要做腌鳕鱼，请将新鲜鳕鱼包上大量盐放入冰箱 3 到 4 天。盐分会抽干水分，就像将鱼“煮过”，你也可以买已经做好的，我就是如此。

烤洋葱

大颗洋葱切成 0.6 厘米的洋葱丝。取一个酱汁锅放入 2 汤匙橄榄油和 2 汤匙奶油以中高温加热。当油开始产生油光时就可加入洋葱。起初几分钟请不要搅动，然后把火转到中低温开始炒，此时搅动的频率要多一些，约炒 45 分钟，或把洋葱炒到软化呈金褐色。

我用筷子搅拌，这是罗莎里欧绝对不会做的事。对不起，但是这样比较方便。

炒煎蛋卷

在高 25 到 30 厘米的不粘小煎锅中，以中温加热橄榄油。请不要让油过热。用木勺子或橡皮刮刀缓慢地持续搅动，帮助蛋结成小块。当蛋开始凝结时，先把边缘正要凝固的蛋搅到里面。几分钟后底部应该固定，上层却仍然有滑动感。

完成

把蛋整个颠倒翻入盘中，就可以端上桌吃了。最后再滴一点橄榄油提香，如不够再增加，在西班牙，最后添香的橄榄油可是放得不少，还要撒上大量现磨黑胡椒。

法文有个词汇形容做成这样的蛋：OMELETTE BAVEUSE，“流涎般的蛋”。

班尼迪克蛋，WD~50 STYLE

班尼迪克蛋[1]是童年记忆的重要片段，也是天才的神来一笔。是谁发明把蛋做成的酱汁放在蛋上面？超完美又超美味。世界级的对味组合——用蛋和奶油搭配蛋。

我不想混淆大家对班尼迪克蛋的回忆，那绝不是好主意。但这道料理不会像你童年时期的班尼迪克，要是你能闭上眼，咬一口，我希望你能回到你的童年时光。

——威利·杜凡尼

一开始先把蛋黄拿出来玩玩，把蛋黄放入真空密封袋，放入水浴。以70℃的水泡煮19分钟，就会产生像干酪和软糖的质地，不管变成哪一种状态都很棒。

煮好的蛋黄可以放冰箱冷藏，需要时再拿出来回温。做这道料理，需要切下8厘米长的蛋“软糖”圆柱体。

我们决定直接呈现荷兰酱[2]的样貌，并开始思索荷兰酱要如何拿去煎？最后决定给荷兰酱一件夹克，好让它承受油炸的环境。

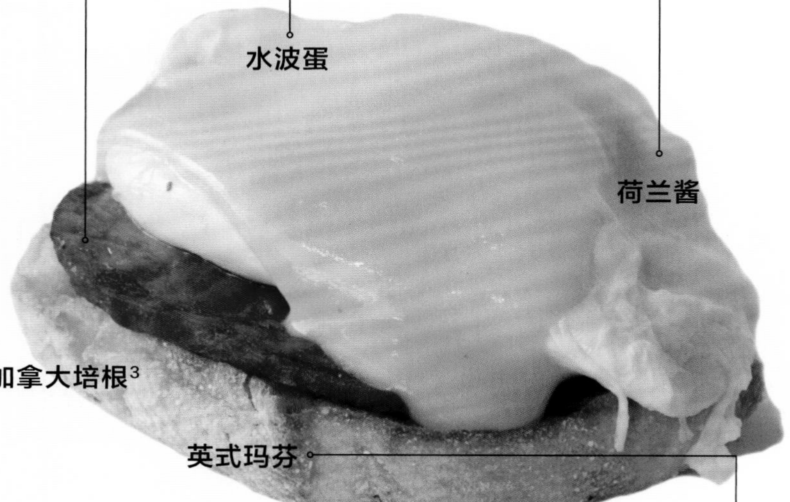

做班尼迪克蛋就一定要用英式玛芬（English Muffin），即松饼。所以我们将煎过的荷兰酱裹上传统面衣，也就是面粉、蛋液和面包粉，但在面衣配方中舍去一般面包粉，改用英式玛芬做成的粉料。先将它弄成粉末，放入烤箱中以数小时烘干，就可以把玛芬变成面包粉状了。

烘烤去油

装在真空密封袋并放入水浴

打到稳定状态后冰过，再炸过

水波蛋

荷兰酱

加拿大培根[3]

英式玛芬

蘸粉烤过

传统班尼迪克蛋

至于加拿大培根，我们只是冰冻它，切成极薄的薄片，然后放在不粘烘烤垫上，放入烤箱以低温烘干。培根去油后，就会变得香脆。

香脆的加拿大培根

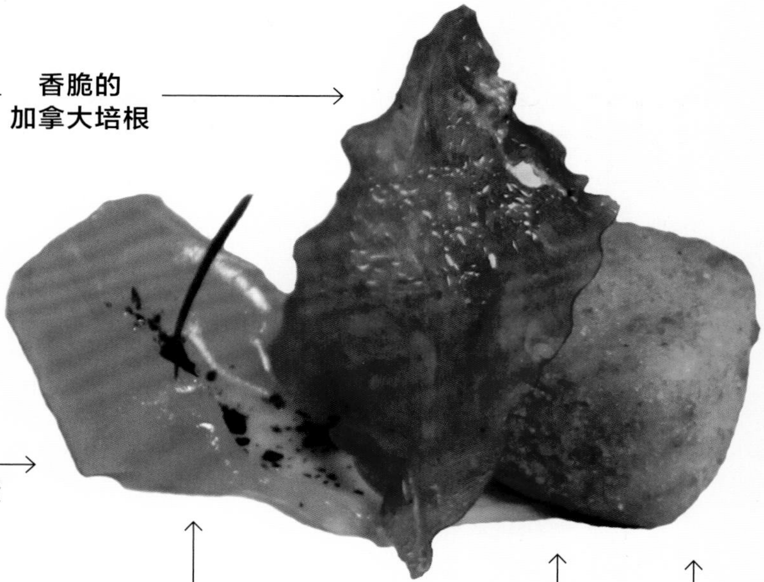

我们将一个个圆柱形的软糖似的蛋放在盘子上的一个环形内，然后拽拉每一个的后半段。

胶状的蛋

结冷胶粉末

low acyl gellan

为了风味及颜色，请加入一点黑盐和一点香葱。我喜欢在我的班尼迪克蛋上放一点香葱，纯属个人喜好。

油炸荷兰酱

英式玛芬面衣

完成

为了向前迈进，我们检视以往。我们开始思考蛋底酱汁的各种例子，哪些酱汁会使蛋变得很烫。做糕点奶油时，你会将它煮开，而什么又是糕点奶油呢？蛋、奶油、糖和玉米淀粉，有一大堆淀粉类的食材，它可以隔绝乳化，保护奶油，防止奶油沸腾。所以，我们在荷兰酱中加了一点修饰淀粉和一点结冷胶，结冷胶在承受高温上具有很好效果，以及一些明胶，最后可以把蛋黄酱汁倒出来切成块状。将这些块状酱汁冰冻起来，再蘸上英式玛芬面包粉，从冷冻库里拿出来后直接油炸，炸到颜色焦褐，里外都透且内部滑润。

1 Egg Benedict，18世纪末起源于美国的早午餐，传说是班尼迪克太太在投宿纽约 Delmonico 旅社时，要求厨房做出的蛋料理，所以叫作班尼迪克蛋，后被快餐店简化成满福堡。
2 荷兰酱：又名荷兰酸辣酱，是一种蛋黄酱，由蛋黄加入盐、黑胡椒、柠檬汁、白酒醋制成。
3 泛指一般由猪背肉做成的培根，而不是加拿大产的培根。

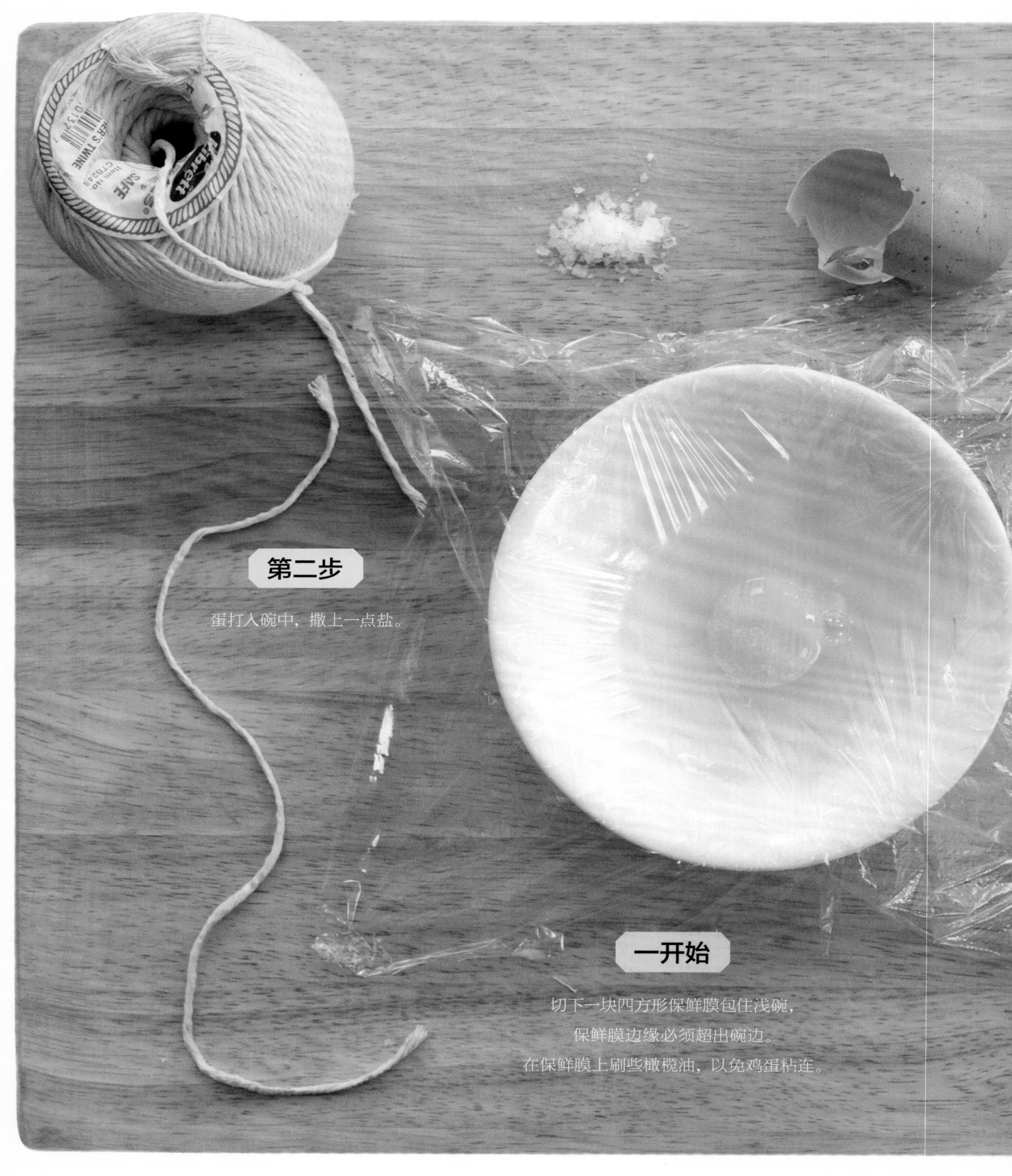
第二步
蛋打入碗中，撒上一点盐。
一开始
切下一块四方形保鲜膜包住浅碗，
保鲜膜边缘必须超出碗边。
在保鲜膜上刷些橄榄油，以免鸡蛋粘连。

绑紧蛋

保鲜膜的两端绑在一起并旋紧，
最后生蛋就好像装在一个气球里，
被保鲜膜松松地包住。
再用 30 厘米长的厨用麻绳紧紧绑住，
就绑在鸡蛋正上方，紧紧系好。
剪掉保鲜膜蛋包上多的麻绳，每颗蛋都如此做。

烹煮

大锅里的水烧开，放入蛋用小火煨。
蛋入锅后要放低，
最好把麻绳尾端绑住一根筷子或勺子，
再把它横架在锅子上，
以确保鸡蛋吊在水中央——蛋不可以碰到锅底，
以小火煨煮 4 分 20 秒。

完成

鸡蛋从热源中取出，放置在砧板上 1 分钟左右，
然后小心剪开保鲜膜，让它慢慢舒展。

原始食谱

为了适应家庭厨房，这道食谱已经过些许调整，也将煮蛋时间改成比朱安·马里的原始食谱长 50 秒。如果你是语言纯洁癖者或看得懂西班牙文，朱安·马里的手写食谱刊载在下页。

包好但未煮的阿萨克蛋。

阿萨克蛋

这是让水波蛋看来花哨动人的最简单做法，创作者是阿萨克。他就像我的西班牙叔叔、教父和酒友的综合体。他是本星球最伟大的主厨之一，但此说法不足以形容朱安·马里，他是这个星球最好的人。只要认识他，你就会爱上他。

这是他非常知名的蛋料理，拥有惊人的美味，因为这道料理具有坚强的概念——重新包裹一颗蛋——如此利落简单，最后蛋就变得这么酷。多年来，这道菜以不同面貌上桌。我吃过放在汤里的，也吃过经典版的—— 搭配 txistorra 香肠[1]、面包碎和蘑菇酱。这道菜没有理由不能在家做。做传统水波蛋时，如果你想挑战更好的版本，可试试这道阿萨克蛋。**—— 大卫·张**

1 西班牙一种传统香肠，以橄榄、辣椒以及猪牛肉馅混制而成。——编者注

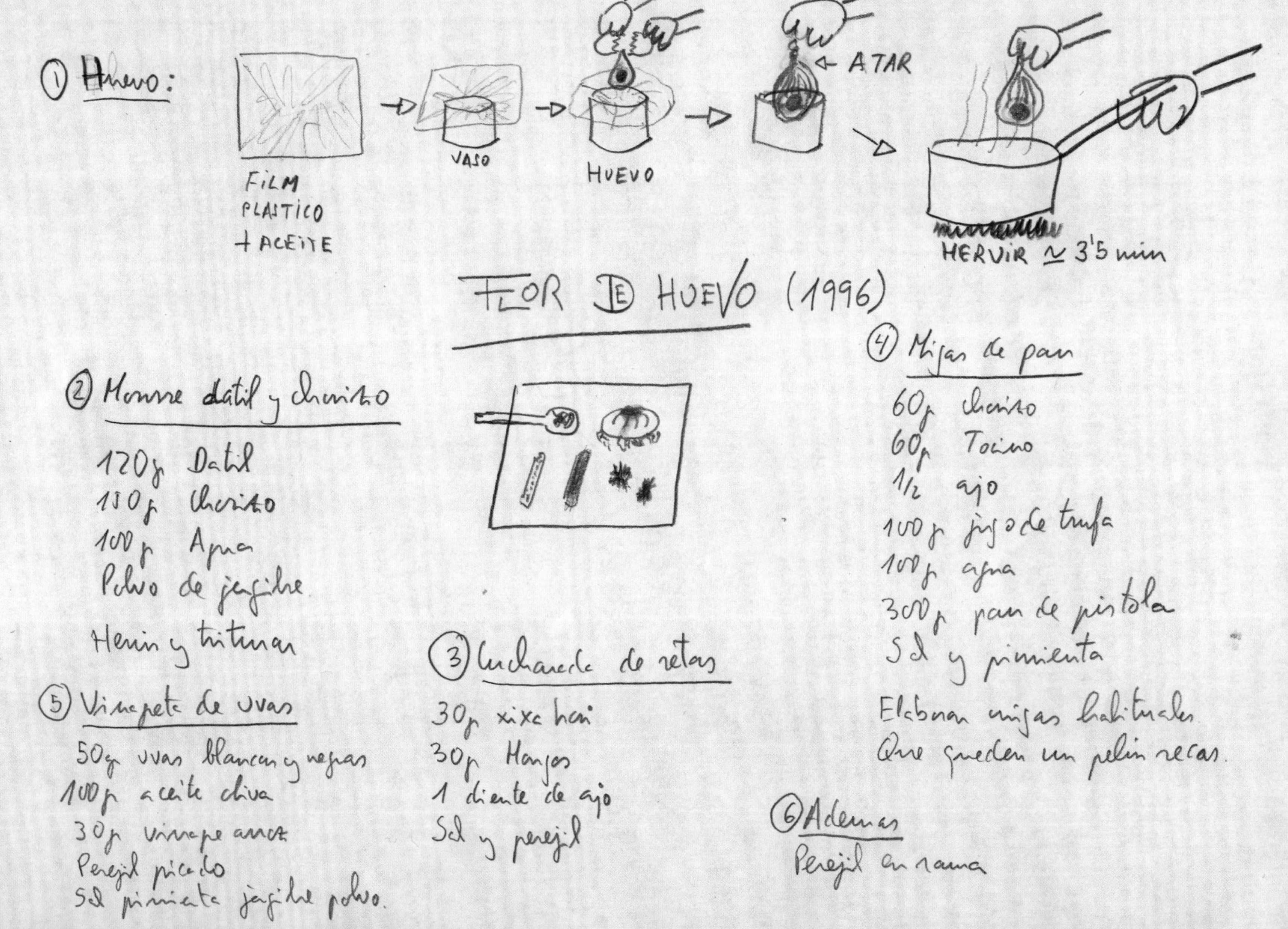

① Huevo:

FILM PLASTICO + ACEITE

VASO

HUEVO

ATAR

HERVIR ≃ 3'5 min

FLOR DE HUEVO (1996)

② Mousse dátil y chorizo

120g Dátil
130g Chorizo
100g Agua
Polvo de jengibre

Hervir y triturar

③ Cucharada de setas

30g xixa hai
30g Hongos
1 diente de ajo
Sal y perejil

④ Migas de pan

60g chorizo
60g Tocino
1/2 ajo
100g jugo de trufa
100g agua
300g pan de pistola
Sal y pimienta

Elaborar migas habituales
Que queden un pelín secas.

⑤ Vinagreta de uvas

50g uvas blancas y negras
100g aceite oliva
30g vinagre arroz
Perejil picado
Sal pimienta jengibre polvo.

⑥ Además

Perejil en rama

阿萨克提供的阿萨克蛋食谱的原始手稿。

抛抛蛋

这道菜是失败变成功的例子。我本来是想要玩玩日式煎蛋，在蛋汁中加入高汤风味做成的日式煎蛋卷。这道菜在日本无所不在（高汤要加入米酒且以葛根粉稠化）。我的版本最后变成浮在培根汤上的鸡蛋“面条”。我原来是想把“甲基纤维素”（methylcellulose，一种乳化剂）加入蛋糊混合，然后将高汤用小火慢煨，煨到正好可让蛋固定的温度。所以，当面糊碰到液体时，面糊就会凝固，一道现点现做（à la minute）的面条就被我们做出来了。

第一次做这道菜时，我竟然忘记了温度这件事，把蛋糊全挤到滚烫的培根高汤里，蛋液立刻膨大，像吹气球似的胀起来。我把它卷起来，放在盘上，试试它的味道。试吃失败作品是非常重要的，找出你是如何搞砸的，这样才不会死得不明不白。这道失败之作还真是吓了我一跳，这些抛抛蛋也太好吃了吧！超级轻盈，非常优雅，实在酷毙了。在吃过蛋面条的失败版本，我决定抛抛蛋才是目标，而它放在韩国馆菜单上成为固定菜色已经有好一阵子了。—— **大卫·张**

食材【12人份，看你用力一挤会挤出多大的量】

12 颗	特大号的蛋（去掉蛋壳约有 600 克）
4 个	蛋黄
9 克	甲基纤维素 F50 （约是鸡蛋重量的 1.5%）
6 大杯	培根高汤（见 p.120）
4 发	气压奶油枪气弹匣
+	气压奶油枪
+	淡口酱油
+	最后盛盘时需要：海盐、香葱、橄榄油、调味昆布（可以从炖高汤的地方省一点下来）、黑松露片（如果你过的是高档生活）

享用

把剩下的高汤加入锅中，用酱油和盐调味，将蛋盛盘，并在上面加一瓢调味过的高汤。用墨顿海盐、香葱和橄榄油及调味昆布（或松露）做最后装饰。

取一个 2 夸脱大的酱汁锅，将 4 杯培根高汤煮到滚。从气压奶油枪中直接打出约 1 杯的蛋液射到热汤里。盖上锅盖煮 1 分钟。开盖后在蛋面上浇淋一些汤汁。

搅拌器搅打

全部的蛋以搅拌器高速搅打。当搅拌器搅打时，以缓慢稳定的流速注入甲基纤维素 F50，打到旋涡中间的眼不见为止。蛋液放入气压奶油枪，装上气弹匣。

美食俱乐部

谷崎润一郎

美食俱乐部的会员们对于美食的热爱，
恐怕丝毫不输给他们对于女人的痴迷。
这些人可谓是懒惰者的大集合，
除了赌博、狎妓和吃，整日里无所事事。

对他们而言，觅得一道珍奇美味与找到一位绝色美女同样是无比自豪的一件事，也都是他们所擅长的。若是能找到一位手艺绝佳的厨师做出此等美味——只要世上有这样一位天才的厨师，他们甚至可以不惜掷出重金——这是一笔足以独占天下第一美妓的资金——也定会将这位厨师据为己有，雇用为自己家中的私人厨师。他们一贯主张："既然艺术界有天才，那料理界为何不能有天才呢？"根据他们的说法，料理也是艺术的一种，与诗歌、音乐和绘画相比，美食能够产生更加强烈的艺术效果——至少在他们身上是这样。当这些人大快朵颐、饱餐一顿后，不，哪怕只是围坐在摆满了各式各样美味料理的餐桌前，从落座的一刹那起，他们就像是听到了美妙的管弦乐一样，先是亢奋，紧接着陶醉其中，仿佛灵魂已经出窍，飘飘然飞升到天际，达到了一种物我两忘的境界。他们不得不承认，美食带来的快乐，不仅仅是肉体上的欢愉，甚至还包括了精神的喜悦。据说恶魔拥有和神灵同等的权力，所以不仅仅是美食，所有肉体的欢愉都是一个道理，当这种欢愉抵达极致时，就会创造精神的愉悦，灵与肉便相通了……

这些人因为饱食终日，无所用心，自然也就吃成了个大腹便便的肥胖体型。当然，胖的绝不只是肚子，全身的脂肪都过多了，整个人胖乎乎、肥墩墩的，脸颊和大腿上的肉尤其肥硕，油光锃亮的，简直可以拿来做东坡肉了。这几位会员里，已经有三个人都患上了糖尿病，而且几乎所有会员都有胃扩张。甚至还有人因为盲肠炎发作差点死了。可即便如此，也没有一个人打退堂鼓。至于原因嘛，一是因为他们那不值一提的虚荣心在作怪，再就是他们决心无论如何都要忠于自己所奉行的"美食主义"。就算内心有所恐惧，也没有人因此而退会，谁也不想做这样的胆小鬼。"我们这群会员，将来搞不好都要得胃癌死掉呢。"他们曾经这样谈笑风生地互相调侃。这些人的处境，和填鸭十分相似——整日窝在不见阳光的屋子里，每天吞下大量美味的饲料，养出一身肥软的肉。当腹内被饲料塞满的时候，也许就是这些人寿命终结之时了。然而，这群人是死性不改的。在那一天到来之前，他们依旧从早到晚挺着硕大的肚子，打着饱嗝儿，不放过任何大快朵颐的机会。

美食俱乐部里聚集的就是这样一群怪人。奇怪的人总还是少的，所以会员数只有 5 个。他们只要一得闲——事实上他们一直都很闲——几乎每天都聚集在自己的宅邸或是俱乐部的楼上赌博。

翻译：孙雅甜
摄影：理查德 · 萨基（Richard Saja）
插画：杰瑞米 · 厄尔（Jeremy Earl）

混合花牌、猪鹿蝶[1]、桥牌、拿破仑、得州扑克、21点、五百点……为了赌钱，他们几乎玩遍了所有花样。他们精通一切赌博技巧，随便哪一种牌技都不在话下，个个都是技艺高超的资深赌徒。白天赌博，到了晚上，就把赌赢的钱收上来举办宴会。晚宴有时候会设在某个会员的家中，有时也会在城里的某个饭店举行。事实上，整个东京城里凡是有些名气的酒楼饭店，他们都已经吃遍了，也吃腻了。赤坂的三河屋、滨町的锦水、麻布的兴津庵、田端的自笑轩、日本桥的岛村、大常盘、小常盘、八新、浪花屋……这些日本菜馆已经去了不知多少回，顿顿胡吃海喝，所过之处杯盘狼藉，如今这些饭店的菜肴在他们嘴里早已味同嚼蜡。“今天晚上吃什么呢？”——每天早上一睁眼，他们心心念念的唯有这一件事。即便是白天赌钱的时候，他们的头脑也在一刻不停地盘算着晚餐该怎么解决。

几个回合下来，牌桌上的战斗暂时告一段落，这时，不知是谁低声呻吟了一句：

“今晚我想喝甲鱼汤，一定要喝个肚儿圆才痛快！”

此言一出，因为一直想不出好主意而陷入沮丧的另外几个人顿时像是触了电一般，同时感到自己的胃仿佛化作了一头饥饿的猛虎，又像是突然开了一个无底洞，必须立刻拿食物来填满它——原来食欲也会相互传染的，于是个个急不可待地表达了赞同之意。从这一刻起，这些人的脸上和眼睛里突然多了一种有别于赌徒的异样神情，散发着地狱饿鬼才有的贪婪而凶狠的光芒。

“啊！甲鱼汤啊！要饱饱地吃一顿是吗……可是在东京的酒楼，能吃到咱们想要的那种美味甲鱼汤吗？能吃得尽兴吗？”又有人喃喃自语道。语气里隐隐有些担忧。虽然说话的人声音极小——那些字句像是怕被别人听见似的，偷偷摸摸地在嘴里转了一圈就藏了起来——可还是被其他人听见了。刚刚燃起食欲的一群人顿时没了精神，就连出牌时甩手的气势都弱了许多。

“在东京是别指望了。我们应该坐今晚的夜行列车去京都，到上七轩町的‘丸屋’去。这样明天中午就能饱餐一顿美味的甲鱼汤啦！”

某人突然提出了这样的建议。

“甚好！甚好！京都也罢，别的什么地方也罢，赶紧行动起来吧！一说起吃来，我就坐不住了。”

于是，这些人终于舒展开了紧锁的眉头，同时又感到一股骇人的食欲以更加猛烈的势头从胃里翻卷上来。于是，为了吃一顿甲鱼汤，他们特意乘坐夜行列车连夜奔赴京都，第二天晚上再挺着被甲鱼汤填满的肥大肚子，舒舒服服地躺在夜行列车上返回东京。

他们的异想天开愈演愈烈。想吃鲷鱼茶泡饭了，就跑到大阪去。想吃河豚料理了，就跑到下关。若是想念秋田特产叉牙鱼的味道了，甚至会不惜冒着暴风雪远赴北国小城。他们的舌头对寻常“美食”渐渐麻木了，无论吃什么喝什么品尝什么，都体会不到他们所期待的那种兴奋和感动了。日本料理早已经吃腻了。至于西餐，只要不是在欧美国家吃正宗西餐，那么这种西餐的水平究竟有几斤几两，从一开始就是可以预知的。最后，就只剩下中国菜了。即便是拥有世界上最精妙高深的烹饪技巧和最千变万化的菜式，以口味浓醇厚重而闻名于世的中国菜他们吃在嘴里也已经像喝白开水一样淡而无味了，只感到无聊和扫兴。比起父母生病，反而是自己的胃有没有得到满足这种事更令他们焦灼，所以这群家伙自然是忧心忡忡，极不痛快。每个人都想要赶紧发现几道惊世骇俗的菜肴，好让其他会员大吃一惊。在这种功利心的驱动下，他们寻遍了东京大大小小的饭店、餐馆。这就好比喜爱古董的人为了邂逅一件稀世珍品，搜遍了各种稀奇古怪的旧杂货店一样。一个会员跑到银座四丁目的夜市上，吃了那里卖的今川烧[2]，得意扬扬地向其他

1 猪鹿蝶组合源自日本古代传统的纸牌游戏花札。在游戏中，凑齐这三张就是最后的赢家。——编者注

2 今川烧产生于江户时代中期的安永年间，以江户神田“今川桥”而得名。在台湾常称之为红豆饼。——编者注

会员炫耀说这是目前整个东京最好吃的食物，像是有了一个伟大的发现。还有一个人吹嘘说，每天夜里 12 点左右，都有人推着货摊儿来乌森的艺伎屋町出摊，这家的烧卖是天下第一美味。可是，其他人在这些汇报的煽动下跑去试吃，结果大失所望。这些所谓的美食，大都是发现者过度沉浸在自己的想象中，思来想去，到最后搞得舌头都不灵了。事实上，这些家伙在自己贪婪的食欲的作祟下，已经变得有点不正常了。

那些刚刚嘲笑完别人的人，如果自己发现了某些罕见的口味，哪怕找到的食物在味道上只有一丝的新奇，他们也会立刻毫不犹豫地佩服起自己来，已经无法分辨这所谓的新发现究竟味道如何，是好吃还是难吃。

“不管吃什么都是一个味儿，怎么就找不到味道更胜一筹的菜呢？这可真是难办啊！如此一来，只能遍寻天下，去找一个手艺了得的厨师，创造出从来没有过的新品种食物了！”

“要么去找一个天才厨师，要么就设一个奖金，谁能琢磨出真正令人叹为观止的菜肴，就把奖金发给他！”

“不过，如果是今川烧或是烧卖这种街头小吃，就算再怎么美味，也不值得发奖金啊。我们要的是那种大菜，够资格出现在大规模宴会上的、色香味俱全、有丰富层次感的大餐。”

“是的，就好比是菜肴的交响乐团！”

会员们津津有味地交流着彼此的想法。

写到这里，诸君恐怕已经了解了美食俱乐部大约是个什么性质的团体，眼下处于何种状态了吧。事实上，各位可以把这段内容当作接下来的故事的铺垫，而即将展开的故事之离奇曲折，的确需要作者提前写下这么长的前奏。

在美食俱乐部的会员中，若论财力之强大，闲暇时间之充足，恐怕非 G 伯爵莫属了。这位年轻的富贵公子哥儿还同时兼具了奇绝的想象力和丰富的智慧。当然与下面这一点相比，前面提到的种种优势都不重要——他拥有一个无比强大的胃。美食俱乐部只有 5 位会员，并没有固定的会长人选，不过俱乐部的聚会场所设在 G 伯爵的府邸楼上，这里基本上成了他们的大本营。所以 G 伯爵自然也就担当起俱乐部干事的职务，在其他人眼中也便成了会长一般的存在。基于这种种原因，G 伯爵比任何人都渴望发现新奇的菜肴，纵情享用美食。他的这番苦心和焦虑，这份对于美食的贪欲，比其他会员强烈一倍都不止。在其他会员看来，平日里就数 G 伯爵最有创造才能，因此自然期待他能有最多的发现。所有人都觉得，如果有人能拿到奖金，那一定是 G 伯爵。其实奖金什么的都不在话下，只要伯爵能想出绝妙的烹饪方法，将大家早已停滞不前的味觉带入一个令人心醉神迷的玄妙境界，他们就心满意足了。

“料理的音乐。料理的交响乐。”

这两句话一直萦绕在伯爵的脑中。只要尝到那滋味，肉体就会融化，灵魂就能升天——是的，就是这样的美食。就像那种听了以后会情不自禁地手舞足蹈、疯狂起舞，最后狂舞而死的音乐一般——越吃越觉得美味无比，

无穷无尽的美妙滋味滚滚而来，缠绕着舌尖，挑逗着味蕾，内心对美食的渴望愈演愈烈，心想：就这样一直吃下去吧！直到把胃撑破为止。如果能想想办法，做出这样的菜肴，那自己就成为伟大的艺术家了啊！伯爵心中盘算着。即便不是这个想法，也会有其他的想法——在擅长空想的伯爵脑中，每天都会接连不断地冒出各种关于料理的荒诞无稽的想法。白天想，晚上也想。就连每天做的梦都是关于食物的……等回过神儿来，伯爵忽然发现在一片黑暗之中，分明有白烟升起，看上去热腾腾、香喷喷的。他闻到了一阵摄人魂魄的香味。米饼烤焦的气味，烧烤鸭子的香味，猪油的香味，韭菜、大蒜和洋葱的气味，牛肉炖锅的香味，这些或浓烈，或甜美，或是食物烤焦后散发出的香气混合在一起，从升腾的白烟中飘出来，就是他刚才闻到的令人神魂颠倒的香气。伯爵痴痴地盯着那团黑暗，看着看着，发现烟雾中有五六个物体悬吊在空中。其中有一个不知是肥肉还是蒟蒻，总之就是一块又白又软的东西，在不停地颤动着。每颤动一下，就会有一种像蜂蜜一样浓稠的汁液滴答滴答地落在地面上。再仔细一看，那些汁水掉落的地方已经高高隆起，仿佛茶褐色的糖堆，闪着厚重腻人的光泽……在它的左边，是伯爵从未见过的、巨大如蛤蜊一样的贝类。

贝壳频繁地张开，合上，张开，合上。有时候会一下子全部张开，就能看见贝壳里面生长的贝肉。那神奇的贝肉在贝壳中央蠕动着，看上去既不是蛤蜊也不是牡蛎。上半部分是黑色的，似乎很坚硬，下半部分则是像痰一样的、白色的、黏稠的东西。伯爵眼看着那团黏糊糊的白色物体的表面渐渐刻上了奇怪的皱纹。开始是像腌梅干那样的皱纹，渐渐的，皱纹越来越深，最后整个贝肉都缩成了硬邦邦的一团，就像是在口中嚼了半天又吐出来的纸团一般。紧接着，贝肉两侧突然冒出了许多像螃蟹吐的泡沫一样的气泡，转眼间就膨胀成棉花团大小，将整个贝壳包在里面，什么也看不见了……啊！这是在煮贝壳啊！伯爵自顾自地推测着。这时，伯爵的鼻子突然嗅到了一股浓香，像蛤蜊炖锅的香味，但是却比那香气浓烈不知多少倍。那些气泡陆续破灭了，化作了肥皂水一样的汁液，顺着贝壳边缘流淌，一面蒸腾出热乎乎的水汽，一面流向地面。汁液流完之后的贝壳里，在硬邦邦的贝肉两侧，不知何时多了两团像供品年糕似的、圆圆的东西。那两团看上去比年糕柔软很多，仿佛是浸在水里的绢豆腐一般，松松软软的，轻轻摇曳着。那大概是那只贝壳的瑶柱吧。伯爵的脑瓜儿又转动了起来。接着，瑶柱渐渐变成了茶褐色，表面很快出现了一道道裂纹……

不一会儿，那些原本一动不动的、多得数都数不清的食物们，突然在同一个时刻咕噜咕噜地翻滚起来。一开始，伯爵还以为是食物下方的地面突然升高了，可是很快他就发现，那并不是地面，只是看起来很像地面，其实是巨人的舌头。之前只是因为那东西太大了，以至于他没注意到这个事实。而伯爵看到的那些杂七杂八的食物，便位于这个巨大的口腔之中。

没过多久，出现了和巨舌大小相匹配的上下两排牙齿，宛如两座相对的山脉缓缓向对方迫近——一座从天空垂落，往下逼近；一座从地底冒出，向上拱出，然后将巨舌上的食物噼里啪啦悉数压碎挤烂。被嚼烂的食物变成了流食，看上去就像肿块里流出的黏稠的脓液，在巨舌之上坍塌、流淌。那条舌头贪婪地舔舐着口腔四壁，就像赤魟鱼那样一伸一缩地蠕动着，想来那堆食物应该很好吃。嚼上一阵子，便会将流食咕咚一声吞下喉咙。不过，食物下肚之后，仍然会有许多被嚼烂的食物碎屑层层叠叠地附着在齿缝之间或龋齿的虫洞深处。这时，牙签出现了。牙签把那些食物残渣从牙缝里一点一点抠出来，剔落在舌头上。接着，一个巨大的饱嗝儿从喉咙深处涌了上来。刚才吞下的那堆食物又一下子逆流回口腔，巨舌的表面再次被黏稠的流质物体覆盖。咽回去，打嗝儿，倒流。又咽回去，打嗝儿，倒流。不管吞咽多少次，吃下的食物总是会随着饱嗝儿翻涌上来……

G伯爵猛地睁开眼，喉咙里咕噜咕噜爆发出一连串饱嗝儿，看来是晚上吃了太多清汤鲍鱼。

这样的梦，伯爵连续做了10天。然后，某一个晚上，伯爵像往常一样在俱乐部的一间屋子里品尝了一席见怪不怪的“珍馐盛宴”之后，便扔下其他会员，悄悄走出屋子，到外面散步去了。那些会员——彼时正围坐在火炉旁，让炉火烘烤着像赘肉般挂在身前的肥硕腹部，一脸慵懒倦怠的神情，手里拿着香烟，嘴巴里忙着吞云吐雾。

其实，伯爵出来散步并不纯是为了消化食物。联想起这几天在梦中获得的启示，他总觉得自己离发现精妙绝伦的料理不远了。于是，在今天这样一个夜晚，到街上随便逛逛，说不定就能在某个隐秘的地方邂逅他渴望已久的东西。伯爵便是被这种强烈的预感驱使着才走了出来。

那天是一个寒冷的冬夜，大概将近9点的样子。从骏河台府邸美食俱乐部里逃出来的伯爵，头戴一顶橄榄绿的礼帽，身穿一件缝制着阿斯特拉罕羔皮衣领的厚驼绒外套，手里拄着一根象牙柄乌木手杖，一边咯咯地打着饱嗝儿，一边忙不迭地咽下不断从食道里翻涌上来的食物，朝着今川小路的方向晃晃悠悠地踱步而去。一路上往来行人不断，熙熙攘攘，不过伯爵自然不会注意他们。擦肩而过的路人长着一张怎样的脸，穿着怎样的衣服——这些他连看都不看一眼，更不用提道路两侧鳞次栉比的杂货店、针线铺和书店了。然而，一旦出现了一家小饭馆儿——不管是多么小的铺面，或是经过一家食品店时，伯爵的鼻子就会变得像饿犬的鼻子那样灵敏。东京的人们想必都知道，从骏河台沿着今川小路走过两三条街，道路右侧有一家叫作“中华第一楼”的中国餐馆。走到这家餐馆门前时，伯爵会停下脚步，开始一抽一抽地耸动他那灵敏的鼻子。（他的鼻子会变得异常灵敏，只凭嗅到的气味就能大致判断出菜肴的可口程度。）不过，这次他似乎很快就放弃了，因为他又挥动着手杖，大步流星地朝九段[1]的方向走去了。

穿过小巷，来到了人迹罕至的护城河畔，伯爵刚想走进一片黑沉沉的街区，迎面走来了两个嘴里叼着牙签的中国人，和伯爵擦肩而过。前面已经说过，伯爵的整副身心早已被食欲所支配，是绝对不会分散注意力给过往行人的。所以，按理说是不会留意那两个中国人的。然而，就在擦肩而过的那一刹那，伯爵的鼻子闻到了一股绍兴酒的酒臭味，于是他不自觉地回头看了看对方的脸。

“咦？这帮家伙是刚吃完中国菜吗？这么说来，这附近莫非新开了一家中国餐馆？我怎么不知道呢？”

伯爵不由得心生疑惑。

这时，伯爵忽然听到了二胡[2]的声音。那音乐似乎是从某个遥远的地方奏出的，乐声穿过浓稠的黑暗，在夜色中悲悲切切地飘荡、徘徊。

1 九段，东京都千代田区曾经存在过的地名。

2 原文“胡弓”，直译过来是胡琴，但是在中国胡琴多是泛指，包括二胡，这里联系上下文判断应为二胡。

伯爵全神贯注地听着二胡的演奏声，在牛渊公园附近的护城河堤上伫立了很久。无论听多少遍，他都觉得音乐声并不是从遥远的灯火闪烁、人声喧闹的九段坂那里传来的，而是从一桥方向那片人迹罕至、死一般沉寂的单侧街区小巷深处传来的。那声音在这个足以把人冻死的寒冷冬夜的空气中颤抖着，宛如水井旁的吊杆从井中提水时发出的声音般尖锐高亢，又仿佛铁丝摩擦时发出的声音般尖细刺耳，吱吱呀呀，时断时续，就像一个濒死的人，随时都有可能断气。终于，那吱吱呀呀的乐声达到了最高潮，就像一个气球突然爆裂一般，演奏声戛然而止。下一秒，突然传来一阵鼓掌喝彩的声音，听上去至少有 10 个人，而且令伯爵意外的是，鼓掌声似乎就在附近。

“那帮家伙在举行宴会呢。在宴会上大吃中国菜啊。可是地点究竟在哪里呢？”

鼓掌声持续了很久。渐渐地，鼓掌声变得稀稀拉拉，像是就要停歇了，这时不知是谁又啪唧啪唧地拍起手来，于是其他人也被他带着一齐鼓起掌来，就像是许多鸽子在噼噼啪啪地拍打着翅膀。再度响起的掌声仿佛汹涌起伏的海潮，哗的一下退去了，又哗的一下涌来了。在阵阵波涛声中，仿佛一只小鸟被水花呛到之后发出的啁啾声一般，二胡的旋律再次响起，奏出了新的乐曲。伯爵的双脚自然而然地朝着音乐的方向走去，寻寻觅觅地走了两三条街，终于找到了。走到距离一桥桥畔不远的某处住宅的院墙之后，向左拐进一条小巷，然后一直走到头。这条巷子里大多都是大门紧闭的住户，只有一栋三层木质小洋楼灯火辉煌，好不热闹。二胡和鼓掌的声音就是从这栋楼的三层传出来的。透过阳台上紧闭的玻璃窗，可以看见许多人围坐在圆桌旁，看起来他们正在享用一场盛大的宴席。G 伯爵对音乐，尤其是对中国音乐完全不懂，而且一点兴趣也没有，可是，他就这样站在露台下面全神贯注地听着那二胡的演奏，听着听着，那不可思议的奇妙旋律仿佛化作了食物的香味，竟然勾起了他的食欲。他所体验过的中国菜的色彩、口感等一系列感觉都被唤醒了，在音乐的伴奏下纷纷涌入脑海，应接不暇。当二胡的琴弦因为曲调突然转急而发出像年轻女人扯着嗓子尖叫一般的声音时，伯爵不知为何竟然联想到了龙鱼肠那鲜红的颜色和刺激舌头的强烈味道。接下来曲风突变，变得浑浊、嘶哑，那低沉而舒缓的曲调连绵不绝，听来令人心酸。这下伯爵又想到了红烧海参羹——那浑浊浓稠的汤羹，即使用舌头一遍又一遍地吸啜品咂，仍然有无穷无尽的美味涌向舌根。最后，掌声再度响起，就像突然间降下了一阵小小的冰雹。这时，中国菜当中所有的珍馐美味一股脑儿涌到了伯爵的眼前，就连杯盘狼藉的餐桌——吃剩的汤碗、鱼骨、汤匙、酒杯，甚至被油弄脏的桌布等等都经由伯爵那丰富的想象力描绘了出来。

G伯爵用舌头舔了好几次嘴唇，吞咽了好几次口水。然而他的食欲已经如海啸一般从腹中翻涌而起，他再也无法忍受了。他自认为整个东京的中国餐馆，没一家是他不知道的，可是这家酒楼是什么时候出现的？而且还开在这样的地方——不管怎样，自己今天晚上被二胡的声音引到这里，发现了这家酒楼，这一定是某种命中注定的安排。即便是看在这神奇的命运的份儿上，这家的饭菜也绝对值得一尝啊。而且，伯爵有一种直觉，他觉得这家酒楼一定有自己不曾吃过的珍奇菜肴——想着想着，他那刚刚被食物塞得鼓胀的肚子突然凹进去一大块，那是他的胃在撕扯着肚皮，催促他快去进食！就这样，伯爵竟然兴奋得浑身战栗起来，他此时的心情和站在队伍最前列、一心只想抢头功的武士没什么两样。

于是伯爵不管不顾地径直朝酒楼的大门走去，想要推门进去。可是，令他惊讶的是，门似乎从里面锁上了，他根本推不动。不只如此，直到刚才他都以为这是一家酒楼，可是当他的手握住门把手时，他才发现门柱子上挂着一块牌匾，上面写着“浙江会馆”。

那块牌匾是用一块破旧不堪的未经加工的木板做的，看上去很有些年头了，上面的墨迹经过风吹雨淋已经变得有些模糊，但是那中国人特有的雄浑矫健的笔迹仍然非常醒目。伯爵一心只想着“吃”这件事，没注意到牌匾上的文字倒也不奇怪。只是，只要他稍稍留意一下这座建筑的外形，应该就能早一些明白它并不是餐馆。如果这座建筑是那种位于神田或横滨南京町上的中国餐馆的话，那么店门口一定会挂着一块红艳艳的猪肉或一只黄灿灿的烧鸡，要么就是一坨晒干的海蜇或蹄筋，至于大门，肯定从一开始就是敞开的。可是，正如前面说过的，这座宅子面向街道的一楼的门扇，正门也好窗户也好，全都紧紧关闭着。而且，一层的窗户也不是玻璃窗，门则是刷了油漆的木质百叶门，从外面完全看不见屋里的情形。只有三楼是热闹的，二楼的窗户也是黑漆漆的。唯有大门正上方檐头上挂着的一盏孤灯，发出模糊的光晕，只能隐约照出牌匾上的文字。和牌匾相对的那根门柱上安了一个门铃，一旁有一张名片大小的白纸，上面分别用英语和日语写着“Night Bell”“有事请按此铃”。然而，无论伯爵多么渴望品尝这家的中国菜，毕竟也没有勇敢到可以特意按门铃进屋一探究竟的地步。况且，看那名字——“浙江会馆”，想必是旅居在日本的浙江人的俱乐部。总不能就这样冒冒失失地闯进去，大言不惭地要求加入人家的宴会啊。伯爵的内心已经陷入了痛苦的天人交战，可是他仍旧不死心地把脸贴在百叶门上，想一窥屋里的情形。

厨房好像就在入口附近，热腾腾的食物香气从百叶门的缝隙里噗噗地飘出来，就像蒸笼里冒出来的热气。趴在百叶门上的伯爵心想，此时此刻自己的脸恐怕就和蹲在厨房后门门板外眼巴巴盯着水槽里的鱼肉的猫儿的脸一模一样吧。要是能变成一只猫该多好啊！我宁愿变成一只猫，偷偷溜进这家会馆，走遍每一个角落，把所有盘子和碗底都舔个干净！然而，事到如今在这里拼命后悔自己没投胎成猫儿终究也于事无补。“切。”伯爵万分遗憾、千分不甘地咂了咂舌，顺便伸出舌头哧溜哧溜舔了一圈儿嘴巴，恨恨地从门扇旁走开了。

“可是，难道就没什么办法能够吃到这家会馆做的菜了吗？”

听着楼上传来的雨点般的鼓掌声和二胡的演奏声，伯爵无法就此放弃，在小巷里焦急地走过来，走过去。事实上，就在伯爵发觉此处并非餐馆之后，他想要品尝这里做的菜肴的欲望反而愈发炽烈了。这并非仅仅是出于伯爵的功利心——在出人意料的地点发现了一家出人意料的美食，这件事足以让其他会员大吃一惊。那个地方是中国浙江人的俱乐部，这就意味着那里的一切都是仿照他们故国的习俗，屋内的人们尽情地享用着最正宗的中国菜肴，沉醉于最纯粹的中国音乐——这件事愈发勾起了伯爵的好奇心。事实上，伯爵还从未品尝过真正的中国菜呢。他倒是吃过几次横滨和东京那些“可疑”的中国菜，但是那大都是用贫乏的食材再加上一半的日式烹饪手法做出来的，伯爵曾不止一次地听人说过，在中国本土吃到的中国菜绝对没有那么难吃。平素伯爵就一直在想，唯有真正的中国菜，才是他们这些美食俱乐部的会员梦寐以求的理想美食啊！所以，如果这家浙江会馆正如伯爵推测的那样是一家完全按照地道中国习惯生活的人家，那么这家会馆正是伯爵日思夜想的理想世界。楼上的餐桌上，此刻一定正摆放着伯爵焦灼不已、苦苦思索却一直未能创造出来的伟大艺术——那令人惊叹咋舌的味觉艺术，此刻，它们正散发着灿然炫目的光，气派十足地端坐在餐桌上。在二胡的伴奏下，一曲满载着欢乐与骄奢，却又庄严无比的味觉交响乐嘹亮奏起，满场宾客的灵魂都为之震颤……伯爵还知道，在中国，浙江省一带是数一数二的烹饪食材丰富的地方。每次一听到浙江省的大名，伯爵就情不自禁地想到，那里有因为白乐天和苏东坡而闻名于世的西湖，是一处风光明媚的人间仙境，而且，那里还是松江鲈鱼和东坡肉的发源地。

G伯爵就这样一遍又一遍地打磨着自己的味觉神经，足足在屋檐下伫立了 30 分钟。就在这时，二楼的楼梯上隐约传来了有人下楼的脚步声，没过多久，一个中国人从百叶门里摇摇晃晃地走了出来。他大概是喝醉了，刚刚走到屋外，他就踉踉跄跄地打了个趔趄，撞到了伯爵的肩膀。

“啊呀！”

那人嘟囔了一声，然后又说了几句中国话，像是在道歉，过了一会儿才发现对方是日本人，于是就用非常清晰的日语说道：

“刚才实在是失礼了！”

伯爵定睛一看，对方戴着帝国大学[1]的学生帽，年龄大概 30 岁上下，是个胖墩墩的学生。虽然他刚才道了歉，可是这会儿却盯着伯爵仔细打量起来，仿佛在怀疑伯爵为什么会在这个时候出现在这种地方。

“不不不，应该是我失礼了才对。事实上，我这个人非常爱吃中国菜，这里飘出来的饭菜的香味实在是太香了，我完全沉醉其中，循着香味儿就一路走到了这里。”

伯爵淡淡地说道。脱口而出的这段话是那么的天真、坦率而又真情流露，这在伯爵来说的确是极大的成功。这可是伯爵平素绝对表演不来的绝技。这恐怕是伯爵的一片赤诚之心——那种世所罕见的热情而贪婪的欲望触动了上天的结果吧。伯爵的这番话似乎十分好笑，因为那位中国学生已经晃着他那肥满的大肚快活地大笑起来。

“请别笑，这是真的。品尝美食是我人生中最大的乐趣，我认为中国菜是世界上最好吃的菜肴。”

“哇哈哈哈哈！”

中国男人又开心地大笑起来。

“……不瞒您说，我吃遍了东京城里所有的中国餐馆，说实话，最近我有了一个想法，想品尝一下这种只有中国人才能来的场所做出来的纯正中国菜。所以，您看，我知道我的这个请求实在是有些厚颜无耻，不过，我还是想问——能不能让在下也尝一口诸位今晚正在享用的大餐呢？这是我的名片……”

说着，伯爵从钱夹里拿出一张名片递给对方。

两人的对话似乎引起了楼上客人们的注意，陆陆续续有五六个中国人走了过来，把伯爵围在了中间。还有人把百叶门开了一半，探出头来张望。屋内突然倾泻出一道强烈的灯光，一下子照亮了屋檐下漆黑的路面。伯爵恰好立在那一团明亮的正中央，身上裹着厚厚的外套，器宇轩昂，当然，灯光同样照出了伯爵那油光锃亮、泛着红光的脸颊。滑稽的是，围在四周的那些中国人也同伯爵一样，个个都长着油光锃亮、营养过剩的脸蛋儿，连表情都一样，都是笑嘻嘻的。

“好！请进来吧！我们会请你吃很多很多中国菜！”

有人从三楼的窗户探出头来，突然大喊了一声。这下，楼上楼下的哄笑声和鼓掌声连成了一片。

“这里的饭菜特别好吃。味道和一般的餐馆大不一样。吃了以后保准香得你牙都掉了。”

伯爵身边的人群里又有一个人对他说出了这番话来诱

1 1886 年即明治十九年，日本颁布帝国大学令，据此，1877 年创立的东京大学改称为帝国大学。1897 年京都帝国大学创立后，之前的帝国大学又改名为东京帝国大学。后来，帝国大学在日本各地又增加至 7 所。

惑他。

“别犹豫了！快些进屋来吃吧！”

最后，看热闹的人群借着酒劲儿半是起哄似的异口同声地嚷嚷起来，他们全都围在伯爵身边，口里吞吐着臭烘烘的酒气。

受宠若惊的伯爵有些不知所措，怀着做梦一般的心情，被这群中国人簇拥着，就这样稀里糊涂地进了会馆。从外面看时感觉门里黑漆漆的，然而进来以后却发现屋内灯火通明，那电灯的形状就像斗笠下面垂挂着一串玻璃珠。右侧的架子上摆满了各种各样的瓶瓶罐罐，里面装着青梅、枣子、龙眼肉、佛手柑等等，旁边挂着大块大块的带皮猪脚和猪腿肉。猪皮上的毛被刮得干干净净，看上去白皙柔软，分外妖娆，仿佛女人娇嫩的肌肤。架子对面走到头的墙壁上挂着一幅石版印刷的中国美人画。那面墙上有许多小小的窗户，窗户里飘出的白烟，饭菜香味滚滚而来，原本就不大的屋子很快就被白蒙蒙的烟雾所笼罩。那一扇扇小窗后面究竟隐藏着怎样的秘密呢？是否如伯爵猜测的那样，是这座会馆的厨房呢？然而，所有这一切伯爵只来得及匆匆看了一眼，就被人带着走上了入口处的陡峭楼梯，径直往二楼去了。二楼的构造颇为奇妙。走到楼梯尽头之后，一侧是沿着白色墙壁向前伸展的细长走廊，而另一侧则是涂了蓝色油漆的木板墙。木板墙的高度不到六尺，因此距离天花板还有两三尺。长度大概有三间[1]吧。每一间木板墙上都开了一个小小的门洞。三个门洞内侧都垂挂着令人扫兴的、脏兮兮的白布帘子，看上去就像是那种戏班子的后台休息室。伯爵来到二楼的走廊时，中间那个门洞的布帘子晃了晃，紧接着一个年轻女人从里面探出了头。那女人长了一张圆脸，皮肤白得有点可怕，眼睛很大，鼻子很短，挺可爱的。女人皱着眉，像是打量什么可疑人物似的，朝伯爵扫了两眼。然后嘴巴一歪，露出几颗牙——其中有一颗金牙，噗地朝地上吐了一颗西瓜子，又把头缩了回去。

“这么狭窄的屋子，为何还要用木板隔断成好几个空间呢？布帘后面的那个女人在做什么呢？”

伯爵来不及细想，就被径直领着上了通往三楼的楼梯。

就在伯爵上楼的工夫，楼下厨房的油烟跟在伯爵身后一路蔓延，很快就填满了像烟囱一样狭窄的楼梯，一直飘到了三楼的屋顶。被烟雾重重包围的伯爵甚至开始怀疑，难道中国菜还没吃上，自己的身体就先要被做成一道菜了？然而，三楼房间里弥漫的烟雾，并不仅仅是厨房的油烟。香烟、香料、水蒸气、二氧化碳，各种气体混杂在一起，将那里的空气变得浑浊无比，房间仿佛笼罩在一团白色雾霭之中，连人脸都看不清。突然被人从外面僻静黑暗的胡同拉进这样的环境里，伯爵最先注意到的就是屋里浑浊的空气和异常的闷热感。

“诸位！请允许我向在座的各位介绍一位客人：G 伯爵。”

簇拥着伯爵进屋的那一群人里突然走出一个男人，毫不犹豫地用洪亮的声音喊了一句，而且特意用日语说的。

伯爵一下回过神来，连忙脱下帽子和外套，立刻就有五六只手伸了过来，几乎像是抢夺似的把伯爵手里的衣服夺走了，不知弄到哪里去了。接着，一个男人抓着伯爵的手，把他带到了一张餐桌前面。这里和二楼不同，是一个完全打通的大客厅，中央摆放着两张巨大的圆桌。每张桌子上大概有 15 名客人落座。他们眼中正放射出贪婪的目光，死死盯着桌子中央放置的一个伟大而华美的海碗，频繁地挥舞着汤匙，疯狂地挥动着筷子，唯恐自己落后似的，拼命去抢夺那海碗中的菜肴。而另一张圆桌的海碗里——伯爵偷偷瞥了一眼——碗里的汤看上去又稠又腻，如黏土融化在水中之后形成的浆液一般，汤里浸泡着一整只炖煮过的、还在胎儿阶段的小猪。不过，那只是外形做成了猪的样子，从那副皮囊里面掏出来的东西和猪肉没有半点相似之处，是一种像鱼肉山芋饼一样软乎乎的东西。而且那猪皮和里面的东西貌似都已经煮得稀烂，仿

1 间，日本长度单位，1 间 =6 尺，约 1.8 米。

佛果冻一样柔软了。当用汤匙去剜那东西时，汤匙划在上面就像锋利的刀子，剜走后留下来的痕迹如刀削一般整齐。眼看着汤匙从四面八方伸过来，一个完整的猪的形状从四角周围一点一点地崩塌，很快就消失了。仿佛被施了魔法一般。另一张圆桌上放着的明显是燕窝。人们频繁地挥动筷子，从大碗的汤汁里捞起像琼脂一样滑溜溜的燕窝。不过更令人不可思议的是浸泡着燕窝的纯白色的汤。除了杏仁汁，伯爵还不曾在日本的中国菜式当中见过那样洁白的汤汁。他曾经听说，在中国有一种奶汤，宛如牛奶一样洁白。那一定就是奶汤了。伯爵心想。

然而，伯爵并没有被人引领到那些圆桌旁边。在这间屋子里，沿着两侧的墙壁还另外设了一些像是寺庙禅堂打坐的位子那样的座位，一旁随意摆放着三三两两的紫檀小桌，有许多中国人围坐在小桌周围，或是席地而坐，或是坐在地板的缎子褥垫上，还有人正用黄铜烟管吸着水烟，有人正端着景德镇的茶碗喝茶。这些人都用一种慵懒的目光眺望着圆桌那边的喧哗骚动，个个神情恍惚，脸上现出极度放松的表情，仿佛马上就要睡去，都沉默着，一声不吭。可奇怪的是，这些人当中没有谁是面无血色的，也没有长了一副穷酸相的，或是愁眉苦脸的。所有人都是仪表堂堂、风采出众，体格也颇为魁梧，脸颊上更是充满了活力。可是这些人却全都像丢了魂儿似的，一脸茫然呆滞的神情。

“啊！这些家伙应该是刚刚饱餐了一顿，现在已经进入饭后休息的阶段了。看他们那一双双惺忪的睡眼，看来真是吃了不少啊。”

事实上，伯爵内心无比羡慕那一双双惺忪的睡眼。他们那膨胀起来的肚子里，定是装满了像刚才那整只炖煮的小猪一样的、骨头和内脏都煮化了的无比美味的食物。若是此刻那些溜圆的肚皮扑哧一下突然破裂了，流出来的恐怕既不是血也不是肠子，而是由那个大海碗里的中国菜化作的一摊黏糊糊的流食吧！从这些人极度满足又极度怠惰的神情可以推断，即便他们的肚皮真被划开了，恐怕他们仍会泰然自若、悠然自得地坐在原地，纹丝不动。以伯爵为首的美食俱乐部的会员们虽然也有过那种吃得太多以至于想吐的经验，但是伯爵觉得，眼前这些中国人脸上呈现出的巨大满足感，自己和同伴们并没有体验过。

伯爵从他们面前径直走了过去，然而他们只是用犀利的目光扫了伯爵一眼，对于伯爵这位不速之客的到来，既没有人表示怀疑，也没有人表示欢迎。

“这个日本人究竟是怎么进来的？”

他们恐怕压根儿就懒得动脑子去琢磨这个问题。

随后，那个引路的中国人便牵着伯爵的手，将他领到一位斜倚在左侧墙壁角落的绅士面前。不消说，这位绅士也是“撑破肚皮党”的一员，他睁着如同废人一般的、目光空洞的双眼，慢悠悠地吞吐着烟雾。

于这位绅士的年龄，因为他比较胖所以看起来挺年轻的，不过应该已经将近40岁了。他似乎是聚在此处的会员之中较为年长的一位。

其他人大都身穿西装，唯独他穿一件松鼠皮内衬的黑缎子马褂。不过，比起这位绅士的风采，伯爵对他身旁一左一右的两位美人更感兴趣。一位美人上身穿天青色底子配墨绿色粗竖条纹图案的上衣，下身穿的是同样花纹图案的短裤装，两只娇小玲珑的三寸金莲稳稳地镶嵌在一双银丝刺绣的紫色缎纹面料的鞋子里，鞋口处露出了浅粉色丝绸质地的袜子。这位美人此时正坐在椅子上，将右脚搭在左膝上。她的脚是如此的小巧，简直仿佛日本小姑娘放入怀中的荷包一般可爱。一头乌黑亮泽的秀发从额头正中央向左右分开，宛若挽起的珠帘一般垂在眉毛两侧，头发后面一对儿如锥栗果实般小小的耳垂若隐若现，耳垂上戴着的碧玉翡翠耳环闪着青光，摇曳生辉。之前听到的音乐应该都是她演奏的。因为她的膝上就放着一把二胡，此刻她正用戴着手镯的左手抱着那把二胡，那神态就像是画中的辩才天女。女人的脸仿若美玉一般光滑通透，一双乌黑的大眼睛稍稍有些凸出来，仿佛随时会掉下来，再加上她那厚厚的、上翘的鲜红嘴唇，使得她散发出一种异样的神秘之美。然而，她全身上下最美的地方却是她的牙齿。有时她会露出牙龈，令上下牙一开一合相互撞击，发出喀喀的声音，同时频繁地用牙签在右侧上颌的犬齿之间剔着食物残渣。即便如此，也只能令人觉得她做出这样的举动只是为了炫耀她那惊为天人的、如一颗颗珍珠般细小整齐的皓齿。另一个女人长着一张椭圆脸，同样是美艳不可方物。她穿一身牡丹花刺绣图案的暗褐色衣服，领口处别着一枚珍珠胸针，更加衬托出肌肤的白皙动人。这位美人此时也同样在炫耀她那美丽的牙齿，捏着牙签在口中戳来戳去的右手手指上，戴着一个黄金指环，指环上镶着五六个小小的铃铛。伯爵走到他们面前时，两位美人的态度明显缺乏诚意，仿佛无视他的存在一般，对身旁的绅士挤眉弄眼。

“这位是陈会长。”

拽着伯爵的手的那个男子将面前的绅士介绍给了伯爵。然后，他就换作了中国话，语速很快，不时地做出一些滑稽的手势和动作，一边比画着，一边向会长说着什么。会长一声不吭地听着，只是不停地眨着眼睛，仿佛随时都有可能张开嘴打个哈欠，怕是把听到的话都当成了耳旁风了。最后，他的脸上终于浮现出一丝微笑。

“阁下就是G伯爵吗？啊，原来如此。这里的人们都有些喝醉了，怕是对阁下多有得罪，失礼之处，还望见谅！既然您喜欢中国菜，那就不要客气，定要在此吃得尽兴才好。只是，我这里的饭菜算不上特别美味。而且今天晚上（到了这个时候）厨房已经关闭了。所以，非常遗憾，只能等下次聚会的时候再请您品尝了。”

会长表现得兴味索然，听那语气，他一点都提不起劲头来。

“哪里哪里，您言重了！完全没有必要特意为了我而烹饪菜肴。其实，那个，我有一个难以启齿的请求，就是——只要把各位吃剩下的饭菜分一些给我就好，可以吗？”

说完这番话，伯爵紧张地看着对方的脸，心想，只要他表现出一点点爱憎的情绪、一丝丝宽容的态度，自己就还能更加肆无忌惮地发出如乞丐乞食般下贱寒酸的声音。伯爵只看了那张餐桌一眼就一直念念不忘，如果不让他尝一口那桌上的食物——哪怕只是一汤匙的美味，他是绝对无法离开这里的。

“您说想吃我们吃剩下的东西，但是您也看到了，那帮家伙个个都能吃得很，所以也没剩下什么东西。况且，把残羹冷炙给客人吃是十分失礼的事情。我作为会长，是绝对不能允许这种事情发生的。”

会长似乎有些不高兴了，眉头渐渐拧在了一起，他和伫立在一旁的那个中国男人耳语了几句，像是在斥责什么。接着，他用嘲笑的眼神扫了伯爵一眼，随后又用一种极其简慢、粗暴的态度——冲那个中国男子挑了挑下巴——下达了他的命令。也许他的意思是“赶快把这个日本人打发走”吧。那个中国男人仿佛被浇了一盆冷水，但仍然试图做出各种辩解，可是会长自始至终都是一副傲然坚决的样子，从鼻孔里呼出的气息平缓悠长，完全不为所动，不予理睬。

伯爵转过身，向屋子中央的餐桌望去，他看见两个侍者正高高地端着盛有新汤羹的大碗向那张桌子走去。那是两个像水盘一样的浅口大圆碗，是濑户产的陶瓷汤碗，碗里满是糖稀色的汤，像波浪般晃动着，冒着热气。其中一个碗里，能看见像鼻涕虫一样滑溜溜的茶褐色块状物体像泡澡一般浸在汤里，应该已经炖得烂熟了。这道菜很快就被摆在了桌子正中央，一个中国人立刻站了起来，端起了装着绍兴酒的酒盅。这下围着桌子坐了一圈的人们全都站了起来，端起酒杯一饮而尽。一杯酒下肚之后，所有人都抓起汤匙握起筷子，争先恐后地伸向那只大碗。伯爵痴痴地看着这一幕，连呼吸都顾不上了，他似乎听见自己喉咙深处响了两声，咕咚咕咚，大概是骨头还是其他什么东西发出的吧。

“真是愁煞我了。实在对不住阁下了。会长说什么也不肯答应……”

被训斥的男子边说边挠着头，十分不情愿地带着伯爵朝房间的出口走去。

“都怪我们。喝醉了酒胡闹，硬是把您给拽到这种地方来了。会长他不是坏人，不过的确是个麻烦的家伙。”

“您说的哪里话！今天这件事，是我给阁下添麻烦了。不过，会长为什么不同意呢？好不容易才有机会亲眼见识到如此盛大的宴会，真是遗憾啊……这件事，必须得到会长的允许吗？”

“是的，这家会馆的一切事务都在他的权力管辖之内……”

说着，中国男子仿佛有所忌惮似的扫视了一下四周，这时两人已经沿着走廊来到了楼梯口。

“会长之所以不同意，肯定是对你有所怀疑——他说厨房关门，那是骗你的。你看，厨房里明明还在做菜呢。”

果然，那香喷喷的烟雾正源源不断地从楼梯下方飘上来。油锅里炸东西的嗞嗞声，还有油花四溅的噼啪声交织在一起，听起来威风十足，就像在放鞭炮。走廊两侧的墙壁上，挂满了黑压压的外套，看样子客人们一时半会儿还不会散场。

“这么说来，会长对我的身份仍然心存怀疑。这也情有可原。平白无故钻到这条胡同里来，也不是来办事的，就只是在别人家门口晃来晃去，探头探脑的，说不可疑那是假的。甚至连我都觉得自己的做法太可笑了。不过，我这样做的确是有理由的。请允许我向您解释一下，事实上，我们成立了一个组织，叫作美食俱乐部……”

“什么？什么俱乐部？”

中国男人一脸奇怪的表情，疑惑地追问道。

“美食。美食俱乐部—— The Gastoronomer Club！”

“啊！原来如此。明白了，明白了。”

中国男人边说边笑着连连点头。

“就是一家专门寻觅好吃的食物的俱乐部。这家俱乐部的会员们，只要一天不吃美食就活不下去。可是最近没什么好吃的了，会员们都打不起精神来了。于是我们每天分头在东京街头寻觅美食，可是无论走到哪里都找不出珍奇美味。今天我就是出来觅食的，无意中发现了这个地方，还以为是一家普通的中国酒楼，便顺着胡同找了进来。事情的经过就是这样的。您看，我绝对不是什么来路不明的家伙。我的真实身份就如同方才向您递交的名片上写的那样。只是有一点，一涉及食物，我就会不知不觉地陷入痴狂，以至于最后丧失了理智。”

伯爵忙不迭地、非常热心地解释着，那个中国人盯着伯爵的脸看了好一会儿。也许此刻他觉得伯爵就是个疯子。这个中国男人 30 岁上下，看上去是个正直的人。他身材魁梧，一表人才，也许是因为喝醉了的缘故，他的双颊泛起了明亮的樱粉色。

“伯爵，我对你没有一丝一毫的怀疑。我们——至少今晚聚集在楼上的这些人，都十分理解你的心情。虽然我们不叫美食俱乐部，不过，我们在这里聚会，其实也是为了品尝美食。我们和你们一样，都是醉心于美食的美食家。”

不知是想到了什么，说着说着，他突然一把抓住了伯爵的手。他的眼角浮现出意味深长的微笑，说出了下面这番话：“我在美国和欧洲都待过两三年，弄明白了一件事，那就是，即使走遍全世界，也找不出比中国菜更好吃的料理了。我是中国菜的狂热崇拜者。这并不是因为我是中国人。我相信，如果你是真正的美食家，在这一点上或许和我有着同样的感受。应该说，你一定会这样想。是吧？你把你们的美食俱乐部告诉了我，这说明你对我非常坦率。那么作为我信任你的证据，我就给你讲一讲我们的俱乐部——也就是这家会馆的故事吧。其实，在这家会馆里，能够烹饪出神奇的菜肴。刚才你看到的餐桌上的那些菜，仅仅是一个开始，一个序章。接下来才是主角登场，真正的大菜才会端上来。”

说完这番话，中国男人开心地看着伯爵的脸，仿佛在试探自己的话在对方身上会引起怎样的反应。他的这番表现甚至让人怀疑他是不是为了激起伯爵的食欲而故意说出上面那段话的。

“你说的是真的吗？你不是开玩笑吧？没有骗我吧？”

伯爵的眼中突然现出了凶狠的神色，就像一只饿了很久的狗，早已跃跃欲试，随时准备扑向食物。

“如果您所说的全是真的，那么我只能再求您一次！既然都把话说到这个份儿上了，就这样把我打发走也未免太过残酷了。请您向会长重新引荐一下我，告诉他我并不是不可信赖之人。如果还是不能打消他的疑虑，那就在会长面前做一个试验，验证一下我是否是一个美食家。中国菜也好其他菜也好，只要是在日本出现过的料理，我都可以根据味道猜出是什么菜。”

“这样你们就知道我是一个多么热爱美食的人了。不过话说回来，你们对日本人如此排斥，这原本就是一件很奇怪的事啊！你说你们是一个美食聚会，我看未必吧！说不定是某种政治集会呢。”

“政治集会？怎么可能。不是那样的。”

中国男人笑了，淡淡地否定了伯爵的推断。

“不过，在我们的聚会上（说到这里，中国男人稍稍停顿了一下，语气忽然变得严肃起来），对于伯爵阁下的身份，我自始至终都是绝对信任的。只是在我们的聚会上，对参加人选的资格要求恐怕比政治集会还要严格。在这家会馆吃到的美食和一般的饭菜完全不同。烹饪方法更是对会员之外的人完全保密……”

“今晚聚集在这里的人大部分是浙江人。不过并不是说只要是浙江人都能入场。这都得看会长的意思。不管是菜单还是会场的设备，宴会的日期、账目，一切都是遵照会长的指示进行的。这个会，可以说是会长一个人的组织。”

“那么那位会长究竟是何许人也？他为什么会有如此大的权力呢？”

“那个人可是个怪家伙。虽然是个了不起的人物，但也有愚蠢的地方。”

中国男人说完这句话就不吭声了，闭上嘴动了动下巴，像是在咀嚼着什么，一副犹豫不决的样子。会场里传来阵阵喧闹声，正好掩盖了他们的谈话声，似乎没有人注意有两个人正站在这里交谈。

“愚蠢的地方是指？”

伯爵这样催促那个中国男人时，中国男人的脸上明显出现了“糟了，说多了”的后悔神情。他似乎在说与不说之间犹豫着、挣扎着，一边又颇有些无奈似的絮絮地说了起来。

“那个人非常喜欢吃。为了能吃上美味的料理，甚至会变成蠢货或者疯子。不，他不仅喜欢吃，还喜欢自己做，非常擅长烹饪菜肴。本来中国菜里的食材已经十分丰富了，可是只要经过他的手处理一下，无论什么东西都能成为做菜的素材。所有蔬菜、水果、兽肉、鱼肉和鸡肉，这些就不用说了，上至人类下至昆虫，都可以变成美味的食材。阁下想必也知道，中国人从古时候起就有吃燕窝的习惯，还吃熊掌、鹿蹄筋、鱼翅。可是，您知道树皮和鸟粪也是可以吃的吗？甚至人的唾液也是可以吃的。正是那位会长把这些告诉了我们。而且，会长对煮啊烤啊这些烹饪法也有研究，发明了各种各样新式的烹饪手法。所以现在汤的种类已经从之前的十几种增加到了六七十种。接下来是装菜肴的器具，这是最令人惊讶的部分。认识了会长之后，我们才知道，并不是只有用陶器、瓷器、金属制成的盘子、碗、壶、汤匙等等才能做餐具。食物不一定要盛放在餐具里，有时候也可以涂在餐具的外侧，抹上滑溜溜的一层。或者可以像喷泉那样将食物喷向餐具的上方。有时候我们甚至分不清楚哪个是器具，哪个是食物。因为会长认为，如果不做到这一步，就无法品尝到真正的美食……”

“既然已经说到这里了，想必阁下已经大致能猜出会长做的菜是什么样子了吧。应该也能理解为什么要严格筛选参加这个美食聚会的人选了吧。事实上，如果这样的菜肴流传到世间，恐怕后果比鸦片肆虐还要严重啊！”

“那么，我再问一遍，今天晚上，接下来，马上就要开始品尝会长做的菜了是吗？”

“嗯，咳咳，是这么回事。”

中国男人似乎被雪茄的烟呛到了，一边咳嗽着一边轻轻点了点头。

“原来如此，我明白了。听了您的话，我大概也是可以想象得出来的。既然是这样一种美食结社，自然应该比那些秘密政治结社在入会人选的审查方面更加严格，这是理所应当的。说实话，我平时所怀抱的美食理想，可以说与会长的想法不谋而合。但是，该怎样把心目中的理想料理变为现实呢？我一直没能找到这样的方法。会长的伟大之处在于他掌握了那个方法。不过，就算你们严格筛选入会人员（也会有百密一疏的情况——译者补充），既然这么不愿意把这件事公之于众，为什么不能把它弄成一个人数更少的会呢？如果只是吃饭的话，哪怕只有一个人，也不是不可以啊。”

“此言差矣。这么做是有理由的。会长认为，吃饭这件事，人越多越好。须得是许多人会聚一堂，举办一个盛大的宴会，让人们在酒席上大快朵颐才好。否则，做出来的菜肴就不可能发挥出它真正的妙味。所以我们这个会虽然入会不容易，可是如果不能像今晚这样聚集起这么多的人来，会长也不会答应举办宴会。”

“这一点我也完全赞同。我的俱乐部只有5个会员，单从人数对比来看，我也知道今晚的宴会规模有多么庞大。也许是因为自己太想吃美食了，一年里几乎天天梦见自己在吃好吃的。今晚来到会场这件事对我来说简直就像做梦一样。无论白天黑夜，醒着还是睡着，我一直都在憧憬着能和会长这样的料理天才相遇。您刚才说过，从未对我产生过一丝怀疑。您和我说了这么多，一定也是因为您信任我。那么，我这个人是多么热爱美食，相信您也已经有所了解了。既然如此，您何不再向前走一步，重新把我引荐给会长呢？如果会长仍然无动于衷，无论如何都不肯答应，那么，能不能让我偷偷溜进去，哪怕不上桌也行，至少能藏在某个角落里，见识一下你们的宴会究竟是什么样子啊！拜托了！”

G伯爵的语气十分认真，那样子一点儿都不像是在谈论食物这么卑微的话题。

“这个嘛……该怎么办才好呢……”

中国男人的酒似乎彻底醒了，他抱起双臂交叉在胸前，陷入了沉思，那样子看上去很是为难。过了一会儿，他突然把嘴里咬着的雪茄扔到地上，像是下定了决心似的，抬起了头。

“我已经在我力所能及的范围内，最大程度地向您展示了我的好意。可是，既然您已经说到这个份儿上了，那么我就好人做到底，想办法让您看一看宴会的情景吧。不过，就算我再一次把你引荐给会长，他也绝对不会同意的。搞不好会长还会把你当成警察局的刑警呢。所以，倒不如瞒着会长在一旁偷看，这样比较妥当。”

说着，他四下张望了一番，确认没有人注意他们之后，忽然伸出手，用力推了一下自己后背倚靠的板门，只见挂满了层层叠叠的外套的板门上又开了个小门，悄无声息地向后打开了，两个人像是被什么东西吸进去了似的，一下消失在黑暗中。

暗室的四面墙上贴满了煞风景的护墙板，令整个房间成为一个密闭的空间。屋子里有两张破旧的长椅分列两侧，头枕旁边放着一张茶桌，上面摆着烟灰缸和火柴，除此之外再无任何装饰和家具。不过，不可思议的是，这间屋子里飘荡着一股异样的阴惨的臭气。

“这间屋子是做什么用的？怎么有一股怪味儿。”

“这个味道你不知道吗？这是鸦片酸。”

中国男人若无其事地说着，然后笑了。那笑容令人毛骨悚然。暗室一角那盏罩着蓝色灯罩的台灯发出朦胧的光晕，黯淡的灯光将男人的半张脸蒙上了一层薄薄的阴影。也许是因为这个缘故，那个中国男人的容貌和刚才仿佛判若两人。就连之前那双看上去十分善良的，甚至散发着天真无邪的光芒的眼睛，此时也陡然一变，眼神里弥漫着颓废和懒惰。

“啊，是吗？原来是抽鸦片的房间啊。”

“正是。您恐怕是第一位进入这个房间的日本人。就连这个家的日本用人都不知道这里有这样一间屋子……”

中国男人似乎已经完全信任了伯爵，彻底放松了警惕。不一会儿，他就在长椅上坐了下来，随后整个人瘫倒在上面，他做这一连串动作的时候十分熟稔，仿佛早已成了习惯。然后，他用一种低沉的、懒洋洋的、宛如吸食鸦片后进入恍惚状态的人发出的呓语一般的口吻自言自语起来。

“啊！好浓的鸦片味。刚才一定有人在这里吸过鸦片。请看吧。这里有一个小孔。从这里可以窥视到整个宴会的样子。进到这个房间里的人，都是像这样，从这个小孔里窥视着那边的情形，抽着鸦片，在半梦半醒之间昏昏沉沉地坠入梦乡……”

笔者本应该在这里详尽地描写一下G伯爵那天晚上在鸦片暗室里透过小孔所见到的隔壁房间里宴会的模样。或者说，这是笔者的义务。可是，正如那位会长要严格筛选参会的人员一样，笔者虽有心效仿会长的做法，无奈读者的人选是无法进行严格筛选的，因此，很遗憾，我无法将当时的真实情形赤裸裸地发表于此。不过，我可以向读者诸君汇报的是——那天晚上的所见所闻是如何抚慰了伯爵平素对美食的渴望，以及其后伯爵在料理方面的创意和才能又取得了多么长足的进步和发展——事实上，这件事过后不久，伯爵就被他的俱乐部会员们奉为伟大的美食家和伟大的料理天才，博得了无上的赞美和荣誉。毫不知情的会员们无不惊讶于伯爵从何处获得了这些美食的真传，更想不明白伯爵究竟是靠什么在一夕之间就发现了这等神奇的料理。然而聪明的伯爵严格遵守着他和那个中国男人之间的约定，自始至终对浙江会馆的存在秘而不宣，并且一直坚定地主张所有这些菜式都是他自己的独创发明。

“没有人教我。这些都是源于我的灵感。”

他总是这样佯装糊涂，用这句话来敷衍。

自那以后，每天晚上，伯爵都会在美食俱乐部的楼上举办令人惊叹的、不可思议的美食聚会。出现在餐桌上的菜肴虽然与中国菜有很多相似之处，可是又总会有一个前所未有的、闻所未闻的特色。就这样，宴会开了第一场、第二场、第三场，随着宴会次数的增多，菜肴的种类和烹饪的方法也变得越来越丰富、越来越复杂。我先从第一晚的宴会菜单开始，试着依顺序记录一下这些美食。

清汤燕菜　鸡粥鱼翅　蹄筋海参　烧烤全鸭
炸八块　龙戏球　火腿白菜　拔丝山药
玉兰片　双冬笋

——这样看下来，恐怕有人要迫不及待地跳出来反对了：这跟中国菜也没什么区别嘛。这些菜的菜名的确是中国菜当中十分常见的。俱乐部的会员们刚开始看菜单的时候，也有人这样想：“搞什么啊，怎么又是中国菜！”不过，这些都只是上菜之前的牢骚而已。为什么这么说呢？因为，接下来摆在他们面前餐桌上的东西，和他们根据菜单想象出来的料理可谓大相径庭，不仅是味道，就连许多菜肴的外观也彻底颠覆了他们的常识。

比如其中的鸡粥鱼翅，做这道菜时并没有用普通的鸡肉，也没有用鱼翅。在那伟大的银质汤碗中，只有像羊羹一样半透明的浑浊汤汁在晃动，那满满一大碗仿佛融化了的铅水一般沉重的汤，却散发着诱人的热气。碗里散发出来的浓烈香气刺激着食客们的嗅觉，他们争先恐后地把汤匙戳进汤里，可是入口之后尝到的却是如葡萄酒般的甘甜滋味，只有那甜味在口腔中渐渐弥漫，一点也没有鱼翅和鸡肉粥的味道。

“这是怎么回事？这种东西哪里好吃了！就是一股子莫名其妙的甜腻味而已啊！”

有一个急脾气的会员已经发火了。然而，话音刚落，这个男人的表情就渐渐发生了变化，像是突然想到或发现了什么不可思议的事情，突然睁大了双眼，满脸惊愕的表情。直到刚才嘴巴里还充斥着那股过于甜腻的滋味，然而，不知何时起，鸡肉粥和鱼翅的味道已经悄无声息地渗透进舌头里了。

男人的确已经将甜汤吞下了喉咙。然而，甜汤的作用并没有就此终结。与葡萄酒类似的甜味在整个口腔弥漫开来，又渐渐转淡，却仍然在舌根处纠缠。这时，刚才吞咽下去的汤汁变成了嗝返回口腔，神奇的是，逆回的饱嗝里竟然有地道的鱼翅和鸡肉粥的味道。这些味道和舌面上残留的甜味混合在一起，突然在某一个瞬间，碰撞出妙不可言的滋味。那感觉就像是葡萄酒、鸡肉和鱼翅，在口中相遇，交融，渐渐发酵，最后甚至会演变成腌咸鱼的味道。一个嗝儿，两个嗝儿，三个嗝儿，打嗝的次数越多，这些味道就变得越来越浓烈，直到最后变得十分辛辣。

“怎么样啊？不是只有甜味吧？”

这时，伯爵环视着会员们的脸，不动声色地露出了会心的微笑。

“你们不要觉得自己吃的只是甜汤。其实，真正想让你们品尝的，是喝下甜汤后不断涌上来的饱嗝儿。就是为了尝那个嗝儿，才喝的汤。像我们这种每顿饭都吃得过饱的人，头等大事就是要消除打嗝儿带来的不快。吃完之后让人感到不愉快的料理，无论味道如何令人垂涎，也称不上是真正的美食。当你把这些美味的菜肴吃了一道又一道，打出来的饱嗝儿却一次比一次美味，只有这样我们才不会产生吃腻了的感觉，才能不知疲倦地向胃里填充大量食物。这道菜其实并不是多么稀罕的东西，不过在这一点上，还是值得向各位推荐的。”

“哎呀，真是诚惶诚恐！受教了，受教了。既然阁下发明出了如此伟大的菜肴，的确有资格领取奖金。”

刚才责备伯爵的男人第一个发出了赞叹声，在座的会员们仿佛刚刚反应过来一般，不由得对伯爵天才的创意倾慕不已。

“不过，可否将如此神奇料理的烹饪方法向各位会员公布一下呢？那碗甜汤里为何能诞生出如此奇妙的饱嗝呢？这对我们来说可是永远的疑问啊！”

“公开做法这件事，恕难从命。若是我发明的东西只是单纯的菜肴，既然我也是美食俱乐部的会员，也许有义务向各位传授那些菜的烹饪方法。可是，这些与其说是菜肴，倒更像是魔法。美食的魔法。既然是魔法，那么我就有权力将这些方法保密。至于这些菜究竟是怎么做出来的，就交给诸位尽情想象吧！”

伯爵说完又笑了，那笑容仿佛在怜悯会员们的愚钝。

然而，伯爵所说的“美食魔法”，并没有停留在这个程度上。一道又一道的菜肴，每一道菜都有着独一无二的意趣和匠心，从意想不到的角度冲击着会员们的味觉。味觉？这样的表达或许并不充分。事实上，会员们只有在动用了他们所具备的所有官能之后，才能最透彻地体会到那些菜的真正滋味。他们不仅仅用舌头品尝美食，还动用了眼睛、鼻子、耳朵，有时甚至是皮肤来体验。用一个极端的说法就是，他们的整个身体都变成了舌头。其中，“火腿白菜”这道菜可以说是最适合说明这一点的例子了。

所谓火腿，就是 ham 的一种。白菜是一种类似于圆白菜的中国蔬菜，长着白色的、比较粗的茎。不过，这道菜也照例是一开始尝不出火腿和白菜的味道。而且，这道菜是等到菜单上其他所有料理都端出来之后才上桌的。

在这道菜上桌之前，会员们被要求离开餐桌五六尺距离，零星站立在餐厅四处。然后，屋里的电灯突然都熄灭了。窗户和入口处的门扉也小心翼翼地封闭起来，哪怕再微小的缝隙也不能留，不允许一丝光亮透进来。屋内伸手不见五指，笼罩在浓稠的黑暗之中。就在这听不到一丝声响的、死一般沉寂的黑暗中，会员们默默地站立了 30 分钟。

读者们可以试着想象一下会员们此时此刻的心情。在这之前，他们已经吃了太多的食物。即使没有被气味难闻的饱嗝儿袭击，他们的胃也早就被塞满了。由于吃得太饱，他们开始觉得四肢无力，慵懒倦怠。全身上下的神经已经彻底麻痹，整个人昏昏欲睡，不小心就会打起盹儿来。这时突然把他们抛入黑暗之中，又让他们站了这么长时间，所以之前陷入迟钝的神经又再次变得敏锐起来。“接下来会出现什么呢？在这间黑漆漆的屋子里能吃到什么菜呢？”这样的期待会伴随着足够的紧张感在他们心中强势复苏。再加上室内不能有光，所以炉火也关了，于是屋里的空气渐渐变冷，睡意也被驱赶得一干二净了。而他们的眼睛则被这空无一物的黑暗打磨得越来越犀利。总之，在下一道菜送上来之前，他们就已经处在极度兴奋和惊讶之中了。

当他们的这种状态达到顶峰时，从房间角落里似乎传来了什么人轻轻走路的脚步声。那个人断然不是这屋内的会员，这从那个人走动时衣料摩擦的窸窣声就能判断出来——那人走路的姿态十分妖娆，风情万种。还有那鞋子落地时发出的轻巧、娴静的声音，综合这些来考虑，那个人绝对是个女人。她究竟是从哪里进来的，怎样进来的，这些都无从得知。不过，可以知道的是，这个女人就仿佛关在笼子里的野兽一般，从房间的一侧走到另一侧，一次次从会员们的面前经过，默不作声地来来回回走了五六次。这段时间大约持续了两三分钟。

没过多久，脚步声转到房间右侧后突然消失了，那里站着一个会员，看样子女人是在他面前停下了——笔者在这里暂时给这名会员起名为 A，接下来发生的事，笔者将会以 A 的立场和心情进行说明。至于除了 A 之外的那些会员，只能按照顺序等待，在这期间他们身上并没有发生任何事情。

A 现在已经能感觉到，停在自己面前的脚步声的主人的的确确如自己想象的那样，是个女人——因为女人特有的发油、脂粉和香水的气味正强烈地刺激着他的嗅觉。那股气味正在向他逼近，已经近到几乎要令他窒息的地步了。女人和他相对而立，脸和脸几乎贴在一起。即使离得这么近，仍然看不见对方的

样子，可见屋里有多么黑。因此 A 只能依靠视觉之外的感觉来感知对方。A 的额头碰触到了女人柔软的额发。A 的脖子感觉到了女人温暖的气息。在这期间，A 的两颊已经被女人冰凉柔软的手掌上上下下抚摸了两三遍，A 只觉得身上一阵阵酥麻……

A 从那丰满的手掌和柔软的手指判断出，那一定是一双年轻女人的手。可是，他并不清楚这双手究竟为什么抚摸自己的脸庞。那双手先是按着左右鬓角画圈转动，按摩了一会儿，然后又将手掌紧贴在眼皮上，自上而下缓缓抚摸，似乎是努力想让 A 闭上眼睛。接着，又渐渐向脸颊的方向移动，开始摩擦鼻子两侧。左右两只手的手指上好像都戴着好几个戒指，能感觉到又小又坚硬的、金属制的东西，蹭在脸上凉凉的。上面这一系列手法几乎就是一整套面部按摩。A 乖乖地任其抚摸，一种做完面部美容后才有的爽快的生理性快感，渐渐传遍了他的全身，直至渗透到他的脑髓深处。

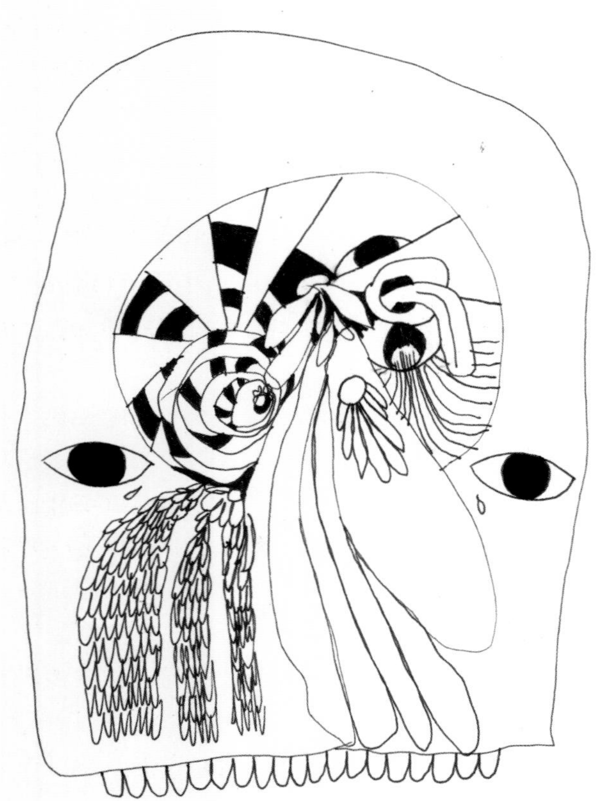

接下来，在更加巧妙的手法的作用下，这种快感得到了加倍的放大。那双手按摩完整个面部之后，抓住 A 的嘴唇，像拉橡皮筋似的将嘴唇拉起，放松，拉起，放松，又或者托起下巴，从脸颊上方向下按摩后槽牙周边的皮肤，在嘴巴四周像穿针引线一般摩挲一番，然后沿着上嘴唇和下嘴唇的边缘用指尖轻轻地敲击。接着，用手指按住两侧的嘴角，将嘴里的唾液一点点挤出来，抹在嘴唇上，直到整个嘴唇都涂满了唾液，变得湿漉漉的。沾满了唾液的指尖一遍又一遍地抚摸着上下唇的唇缝，触感无比顺滑。这个动作让 A 的嘴唇产生了这样的感觉——明明什么都还没有吃，却已经像是在大口嚼着美食，口水都快要流出来了。A 的食欲很自然地被挑起来了。他的嘴里充满了贪婪的唾液，那唾液从臼齿后方滚滚而出，呼唤着美食快些到来，淹没了整个口腔。

A 再也按捺不住了，无须再接受那双手的刺激，口中的唾液说话间就滴滴答答地垂下来了。就在这时，之前一直在拨弄他嘴唇的女人的手指突然插进了他的嘴里。

手指头在嘴唇内侧与牙龈之间来回搅弄着，逐渐向他的舌头入侵。黏腻的唾液紧紧缠绕着那五根手指，将那些手指变成了一团不知是什么的黏糊糊的物体。这时，A 开始注意到，那些手指——虽然已经在唾液里浸泡多时，但也实在太过柔软黏滑，甚至无法令人相信它们是人肉体的一部分。按理说，嘴巴里冷不丁戳进五根手指，应该觉得很难受才是，可是 A 却感觉不到那种痛苦。就算有那么几分痛苦，也像是嘴巴里塞着一大块年糕，恨不得赶紧狼吞虎咽下去那样的痛苦。那些手指头若是一个不小心碰到牙齿上，搞不好就要被咬成三四段了。

突然之间，A 发现自己那和手指纠缠在一起的舌头和唾液，不知为何尝起来竟然有了些奇妙的滋味。那是一种淡淡的甘甜，又带着些令人回味的咸香，润物细无声一般，一点点在唾液中扩散。唾液是不可能有这种味道的。可是，这也不可能是女人的手的味道……A 开始频频操纵舌头去舔舐、吮吸那个味道。无论怎么用力地舔吸，那滋味总会从某个地方渗透出来，似乎永无穷尽之时。即便将口中所有唾液悉数吞咽下肚，舌面上还是会有奇怪的液体积聚，一滴一滴涌出来，仿佛是从某种东西里挤出来、拧出来一般。至此，A 不得不承认这样一个事实——那些液体是从女人手指指根间分泌出来的。他的嘴里除了那只手以外，再没有任何其他外部入侵者了。就这样，那只手的五根手指从刚才开始就安静地躺在他的舌头上。至于附着在那些手指上滑溜溜的流质物体，之前 A 一直以为是自己的唾液，不过现在他弄明白了——那些是手指头自己分泌出来的像唾液一样的黏液，正在像黏汗一般一点一点往外渗。

"不过，这种黏糊糊滑溜溜的东西究竟是什么呢？这种汁液的味道倒也不是自己没体验过的。总觉得以前尝过这种滋味呢。"

A 又用舌尖哧溜哧溜舔了一遍手指，边舔边思考着。忽然，他记起来了。这和中国菜里面的火腿的味道很像啊！其实，也许他早就想到了，只不过这样的搭配实在太出人意料了，他一直都没有清楚地意识到这一点。

"没错！这明明就是火腿的味道。而且是中国火腿的味道！"

为了确认自己的判断，A 将味觉神经都集中到舌尖上，愈发执拗地一遍遍舔着、嘬着那一根根手指，想要一探究竟。可奇怪的是，越是用舌头去碰触、按压它们，那些手指就越发柔软，最后竟然变得像煮熟的葱一样软塌塌的。A 忽然发现，原本被他断定为人类之手的那个东西，不知从何时起竟然幻化成了白菜梗。不，幻化这个词或许不太妥当。因为——那个东西虽然拥有地道的白菜的味道和物质成分，可直到现在仍然是人类手指的形状。而且，食指和中指上至今仍然和刚才一样，戴着戒指。从手掌到手腕，筋骨血肉也都连得好好的。究竟从哪里开始是白菜，从哪里开始是女人的手？他完全搞不清楚分界线在何处。可以说是手指和白菜杂交而成的物种。

人感到神奇的不仅仅是这些。就在 A 思考那些问题时，那棵白菜——也可能是人手，突然像舌头那样在口腔中蠕动起来。五根手指各自活动起来，有的突然钻进臼齿的空洞里，有的紧紧缠绕在舌头上，有的夹在牙齿和牙齿之间，仿佛自己主动送上门去让牙咬。从它们自己能动这一点来看，再怎么想也应该是人类的手。可是动着动着，就越来越明显地感觉到，这明明就是由植物纤维构成的如假包换的白菜啊！A 尝试着像吃芦笋尖时那样，用力咬了一口那东西的尖部，头尖儿的部分立刻被咬了下来，那部分的肉已经完全变成了白菜。而且是那种之前从未尝过的滋味甘甜的、水灵灵的白菜，肉质就像通透软糯的水煮白萝卜一样柔软。

A 被它的美味所诱惑，不禁将五根手指的指尖都咬了下来，嚼碎了以后咽下了肚。可是，被咬断的手指尖仍然保持着完整的形状，照旧分泌出又黏又滑的汁液，并舞动着白菜的纤维，伸向牙齿和舌头，如藤蔓般攀附在上面。A 不停地咬啊咬，手指尖上则接连不断地生长出白菜。简直就像是从魔术师手里拽出来的那串长长的万国旗，似乎永远都断不了。

就这样，就在 A 将这美味的白菜狼吞虎咽大吃一顿，觉得肚子已饱之时，那些由植物纤维构成的手指尖竟然又变回了如假包换的、拥有真正的人类血肉的手指。五根手指将口腔中残留的食物残渣清理干净，又在齿间撒了些像薄荷一样清凉爽口的刺激性物质，最后干脆利落地从嘴里退到了外面。

这便是第一晚宴会上的最后一道菜。看了这两个实例，想必诸君也能大略想象出菜单上的其他菜肴是多么诡异离奇了。这道火腿白菜吃完之后，一片漆黑的会场又点起了电灯，恢复了之前的明亮。然而，却丝毫寻不见那只不可思议的手的主人——那个女人的踪影。

"今夜的美食会到这里便结束了。"

G 伯爵盯着会员们那一张张惊愕万分的脸，发表了下面一番简单的散会致辞。

"方才我曾说过，今夜的美食绝不是普通料理，而是料理的魔法。不过，在这里要说明的是，我并不是出于猎奇心理，故弄玄虚，才使用这些魔法的。绝不是因为我做不出真正的美食，就用魔法来迷惑诸位。我的看法是，如果想要做出真正的美食，除了使用魔法之外，再也找不出第二个方法了……”

“为什么这么说呢？我们已经把所有能用舌头品尝的美食都尝了个遍，这也可以说是一件幸事。在有限的所谓料理的范围之内，已经再也找不出能够令我们满足的菜肴了。所以，几乎是必然的，为了进一步取悦我们自己的味觉，一是要扩大料理的范围，与此同时还要尽可能开发用来享受美味的感官的种类，越丰富越好。而且，为了将美食的效果发挥到极致，在享用美味之前，有必要将我们的好奇心充分调动起来，并将其集中到即将品尝的菜肴上。我们的好奇心越强烈，我们所好奇的对象的价值就越高。我之所以将魔法应用到料理上，主要是为了激发起诸君的好奇心……”

会员们一脸茫然地听着伯爵的演讲，像是中了幻术一般，一个个都迷迷糊糊的，不知所措，一言不发地离开了会场。

第二天晚上，同样是在俱乐部的会场，举办了第二夜的盛宴。因为一个个罗列菜单上的菜肴实在麻烦，笔者就挑选当晚菜单上最奇特新颖的一道菜，将它的名字和内容介绍给诸位。这就是——

高丽女肉

在第一天晚上的菜单上，先不论菜肴的内容如何，单看名字的话，至少还是纯粹的中国菜。可是这个“高丽女肉”，绝非中国能有，单是名称就十分罕见。如果是“高丽肉”的话，倒也是有这道中国菜的。“高丽”还有一层意思是中国菜里的油炸食物，因此，裹上鸡蛋面糊入油炸的猪肉一般被称为高丽。既然如此，若是按照中国菜的做法来解释这个“高丽女肉”，就成了“裹面油炸女人肉”。因此我们不难推断出，当会员们在菜单中发现这道菜的菜名时，他们的好奇心被煽动至何等旺盛的地步了。

言归正传。这道菜既不是摆放在盘中，也不是盛放在碗里，而是包裹在一块巨大的冒着热气的毛巾中，由三个侍者毕恭毕敬地抬着，搬运到餐桌上来的。毛巾里面，横卧着一位打扮成中国仙女模样的美姬，娇媚无比，巧笑倩兮。她身上穿着神圣庄严的绫罗仙衣，乍一看还以为是精巧绝伦的白缎子，其实整件衣服都是油炸面衣做成的。所以，这道菜，会员们吃的是女人肉体外面裹着的那层面衣。

以上记述，只能窥见 G 伯爵那些古怪离奇的美食烹饪法的只鳞片甲。虽然凭借这些只鳞片甲无法推断出这变化万千的料理的全貌，可只要伯爵的创意是无穷尽的，那么即便在下将每一次宴会的情况都详细记录下来，终究也是无法了解伯爵料理世界的整体样貌。因此，无奈之下，笔者只能将第三次到第五次和第六次宴会的菜单中最珍奇的菜肴名称记述于此，暂且搁笔了。内容如下所示：

鸽蛋温泉　葡萄喷水　咳唾玉液　雪梨花皮
红烧唇肉　蝴蝶羹　天鹅绒汤　玻璃豆腐

相信有些聪明的读者已经能够大致推断出这些菜名暗示的是怎样的菜肴了。不管怎样，时至今日，美食俱乐部的宴会每天晚上都照例在伯爵府内举办。到了现在这个时候，对于美食，他们早已不是在“细品细尝”，也不是“大嚼大咽”，只是纯粹陷入了“疯狂”的状态。笔者相信，在不久的将来，这些人肯定要么发疯要么病死，他们的命运很快就能见分晓了。◆